建筑手绘

夏克梁　徐卓恒　著

U0258206

中国美术学院出版社

前言　　　PREFACE

　　建筑是与我们生活息息相关的城市环境基本要素，是人类文化的有形载体，也是具有逻辑性、秩序性、有机性的人与自然环境亲密结合的空间体系。由于建筑在设计过程中本身具有一定的艺术表现属性，因此它也被看作一类重要的风景绘画题材。建筑手绘作为其中一种被广大美术爱好者、职业画家、建筑及相关专业设计人员所喜爱的绘画类型，以手绘的特有表现语言结合艺术的表现方式，塑造出建筑的空间形态、人文气质、艺术特征和环境氛围，成为展示建筑艺术魅力与表达作者审美情感的重要载体。它体现的便捷性、快速性、灵活性使之具有拓展与推广的普遍价值。

　　本书主要围绕建筑手绘的基本画法和表现类型展开讨论和研究，依据知识技能点的学习规律编写相应的内容。从第一章的总体概述，到第二章的课程实训，再到最后的案例赏析，全书基本包含了建筑手绘的一套完整的学习流程。笔者希望通过这样一种循序渐进式的步骤编排与各章各节的具体讲解，从理论到实践对建筑手绘技法要领进行详细剖析与全面解读，使本教材对学习者具有实际有效的指导价值。另外，党的二十大报告提出，坚持以人民为中心的创作导向，推出更多增强人民精神力量的优秀作品。为了践行党的二十大精神，本书所选作品主要以百姓民居为主，充分展现了中国传统建筑风貌和百姓生活面貌，希望通过本书我们还可以彰显中国审美旨趣、传播当代中国价值观念。

　　本书面向的对象主要为各大院校艺术类和设计类的学生，也包括广大美术爱好者和建筑设计相关行业的从业人员。无论是将它作为一本技法学习类教材使用，还是将它作为一本艺术欣赏类的普及读物，笔者希望每位读者都能从中各取所需，借由它走入建筑手绘的多彩世界，充分体验这一绘画的独有魅力。

目录　　CONTENTS

第一章　建筑手绘课程概述

建筑手绘是以建筑为主体对象、以速写为表现手段的绘画形式。以建筑为载体的自然景观、人文景观、生活环境、道具场景等都可以纳入建筑手绘的范畴，以此表达创作者对建筑艺术及其周边环境的认知和理解。（插图1-0-1）

建筑手绘所用的工具携带轻便、使用快捷，创作一幅作品时间相对较短，因而日益受到绘画、建筑设计等相关行业从业人员的青睐，被广泛应用于艺术创作、建筑（景观）设计领域，为艺术家、设计师们提供了建筑风景绘画创作和建筑设计的灵感及素材。它可以辅助设计师推演方案，成为设计流程中重要的手稿笔录，展现思维推进的全过程。好的手绘也可被看作艺术作品，运用多种类型的工具，多层次、多手段地进行效果展现，表现手法灵活、生动，表现语言明快、准确，具有良好的视觉形象，具有相对独立的艺术价值。它要求作者兼备手绘表现技能和建筑专业知识，能在创作中将两者融会贯通、顾及周全。创作者一方面以理性思维严谨地观察建筑场景，合理地控制建筑的比例关系，准确地表述建筑的风格语言，使建筑手绘最为恰当地传递建筑设计思想，体现出专业学科内涵；另一方面，建筑的整体感和空间比例也借由手绘语言得以淋漓尽致地传达、展现艺术气质。只有在同时具备了两项专业知识背景的情况下，不同学科的知识技能才能够得以互补，相得益彰。（插图1-0-2、插图1-0-3）

插图1-0-1，万丙礼，优秀的建筑手绘也是一件艺术作品，具有独立的艺术价值

插图 1-0-2，冯启明，建筑速写多以钢笔为工具，可在相对较短的时间里完成

插图 1-0-3，向俊，钢笔或马克笔淡彩也是建筑速写的一种常见形式

建筑手绘课程主要开设于全国艺术类高校和综合类高校的建筑设计、艺术（设计）类专业，是一门专业必修基础课程。课程以建筑快速表现相关内容的讲授为主体，通过基本概念的全面阐述和各个实践单元的有效设置，将手绘常用的技法要领由浅入深、循序渐进地剖析和分解，指导初学者科学合理地开展训练，从知晓、学会、掌握逐步达到熟练运用的程度，使手绘成为从业者重要的技能。（插图1-0-4、插图1-0-5）

插图1-0-4，李明同，建筑速写往往是建筑、环艺、景观等专业的必修课程

插图1-0-5，向俊，建筑速写也是设计师需要具备的一种能力

1.1　概念阐述

1.1.1　建筑手绘的功能与意义

（1）功能

建筑手绘的主要功能在于记录、表达和创作。

记录是建筑手绘的基本功能。手绘作品可以生动地、高度主观地概括环境场景，记录人文风貌，还原特定文化圈下的建筑文化艺术。对画家和建筑师而言，需要思考如何处理建筑与画面的关系。建筑的屋顶、门窗样式、不同特点的材料、装饰手法以及细部特征等都是他们关注的重点，都要忠实地记录，需要时可作为创作与设计的素材随时调取使用。（插图1-1-1）

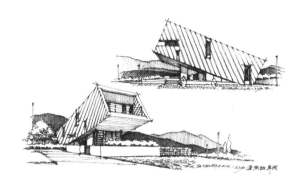

插图 1-1-2，李国胜，表达是大部分人学习建筑手绘的主要目的

插图 1-1-1，冯启明，记录是建筑手绘的基本功能

表达即通过手绘的方式传达创作者对建筑的理解、认识。它可以训练作者迅速、准确地捕捉场景空间，严谨地表现建筑的尺度和形体，同时以绘画的技巧体现建筑的光影变化。富有表现意味的建筑手绘更倾向于传达建筑的浪漫特质，在抓住建筑的比例和最重要的要素基础上，用线条创造韵律与趣味。对设计从业人员而言，它能帮助设计师们在应用电脑、照相机以及数字技术的同时，摆脱对数字、数码技术的过分依赖，掌握手绘表达的即兴能力。（插图1-1-2）

建筑手绘的创作功能主要指将速写应用于建筑画的创作表现之中。这需要创作者完全领悟建筑场景的内在气质，同时具备丰富的绘画表现技法，才有可能完整地创作，其实质就是对客观对象的主观化再创造。通过动手表达，提高对环境场景对象的观察能力、鉴赏能力、审美能力、概括能力、表现能力以及自由创造能力，这是意义与作用均超越了职业局限的一种综合能力的培养。对设计学科而言，长期的实践训练也能激发设计师的创造力，让他们以手绘的方式酝酿发展建筑构思，并快速地留下印记，使之成为建筑创作的重要辅助手段之一，最终达到得心应手地表现设计构思、勾勒抽象思维的目标。（插图1-1-3）

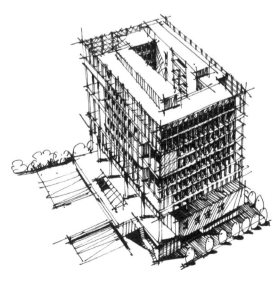

插图 1-1-3，李国胜，将建筑手绘的表现技能转换为设计的表达能力

（2）意义

无论是在校学生、画家、建筑设计师或是其他相关行业的从业人员，掌握建筑手绘的基本技能有助于培养他们主动发掘和快速捕捉人文景物之美的能力；促使他们随时随地搜集创作设计的素材，储备必要的资料，积累起丰富的创作灵感；锻炼他们对建筑体量的把握能力、对大局的掌控能力和应变能力；提高他们对抽象思维的具象转换表达能力和扩散性创造能力；不断延伸其艺术视野，提升其审美境界与专业设计创作能力。（插图1-1-4）

线的轻重、强弱、疏密、曲直、缓急都用来表现各个景物的形象特征和画面关系。同时，画面对建筑的形体关系、结构比例、细部装饰、空间层次的要求也更为苛刻。创作者必须胸有成竹地对环境和场景中的建筑对象予以合理分配、布局，牢牢地把握住建筑的比例关系，特别要注重体现建筑物及其环境的整体效果。（插图1-1-5）

插图 1-1-5，夏沐妍，以单线的形式表现建筑

插图 1-1-4，刘开海，建筑设计师笔下的建筑手绘

1.1.2　建筑手绘的类别和特点

创作者思想、个性、风格的不同，造就了风格类型各异的建筑手绘作品：既有偏重写实的，也有偏重写意的；既有强调装饰性的，也有突出创意性的。无论采用何种表现形式，都是在表达一种理念、塑造一种形象、传递一种态度。常见的建筑手绘表现形式主要分为以下四类：

（1）单线画法

这类画法多以钢笔、炭铅笔工具表现。线是画面举足轻重的元素，扮演不可或缺的角色。由于摒弃了对明暗与光影的表现，画面整体干净清爽，线条表现力足。

单线画法的绘画风格亦多变，可以严谨、准确、一丝不苟，也可以大胆创新、潇洒奔放。质朴平实、追求拙朴味道也是常见的表现风格。其关键在于建筑师或艺术家在主观意识中如何理解、体会建筑空间和场景。它与个人的审美意趣密不可分，带有浓郁的个人气质，是建筑师思想过程中的组成部分。（插图1-1-6）

插图 1-1-6，李明同，严谨的、准确的、一丝不苟的单线画法

任何一种表现形式都需要深入刻画，单线画法亦然。需要明确的是，单线画法并不仅仅是空洞地勾勒建筑形体，它也需要从画面整体角度深入细部描绘。这个过程的主要任务是细腻地体会和感受建筑的风格特征与人文特点，运用线条塑造形象，组织各部分关系，建立空间层次，营造出画面的疏密、虚实、主次，注意概括、取舍和归纳。（插图1-1-7）

插图 1-1-8，宋子良，用彩色线笔表现空间的作品，同样需要注重明暗和光影关系

插图 1-1-7，李明同，国画式的单线画法，其线条追求拙朴平实，同时也需要深入细节的描绘，画面才更显真实，更能打动人

（2）明暗光影画法

明暗光影画法即在清晰勾勒环境场景的空间关系和建筑形体结构的基础上，强调建筑景物受光后的明暗变化，进行更为深入的刻画。光影本就是建筑设计中必不可少的灵魂元素，赋予建筑更为丰富的内涵与无尽的感染力。此外，借助明暗光影刻画建筑，注重对明暗交界线亮部与暗部及光的来源与方向的表达，可以使建筑更为立体，体块关系更为明确，层次更为丰富。用这种手法所获得的画面相对比较写实，质感结实厚重，节奏、层次丰富。

在明暗光影画法中，线条是多变的、有个性的，需要灵活运用。通常一幅作品中会综合运用多种线条，如颤线、乱线、曲线、交叉线条等的有机结合，规则线条与不规则线条的有机结合，甚至有意识地运用富有韵律美感的排线，注重线条的方向转换与叠加，都有可能获得意想不到的艺术表现魅力。而表现的关键还在于作者如何从画面整体入手，宏观地控制画面的黑白灰关系，循序渐进地控制细部刻画与整体节奏的关系。（插图1-1-8）

明暗光影画法还可以与单线画法相结合，借助清晰果敢的单线明确建筑形体、结构比例、细部装饰、层次关系，又发挥明暗对建筑形体的细致刻画，翔实细腻。画面整体繁简适宜、舒张有度，突出画面的趣味中心，具有较高的艺术趣味。（插图1-1-9）

插图 1-1-9，耿庆雷，以单线为主、辅助明暗的形式表现的建筑

（3）装饰性画法

装饰型建筑手绘作为一种强调形式感表达的绘画活动，其基本原理是根据对称、均衡、节奏等图形构成原理，赋予作品抽象化、规则化的形式美。它不是简单的图案变形，把复杂丰富的绘画形式等同于简单概念的平面构成关系。装饰绘画有着自己独立的审美风格和样式。它淡化内容与思想性，强化形式美与装饰美，突出了人工创造与自然状态的区别，刻意追求华美的艺术风格。它的基础仍是建立在速写之上，造型上注重夸张变形，突出高度的概括性与简练性；构图上注重追求自由

时空，表现平面化的无焦点透视的多维空间；色彩上讲
究化繁为简，不追求明暗、远近及写实的冷暖关系，而
追求色彩的象征性。它在绘画语言上注重外在形式美感
的设计，有显著的人工美化的刻意匠心。在西方平面构
成的装饰原理的影响下，使画面具有强烈的平面化、单纯
化、夸张性、稳定感、韵律感和秩序感等特点，给人以现
代感与品位感。（插图1-1-10、插图1-1-11）

插图1-1-10，孟现凯，表现以平面化为主，不求画面的立体空间关系，追
求的是一种形式美感

插图1-1-11，孟现凯，装饰型建筑速写往往有着自己独立的审美风格
和样式

（4）彩色表现画法

　　除了黑白类的建筑手绘之外，马克笔表现、彩色铅
笔表现、钢笔淡彩表现是常见的色彩表现手法。马克笔
因其携带方便、色彩选择自由度大、颜色饱和、笔触表
现力强等优势，在建筑手绘中正发挥着越来越重要的作
用。在运用马克笔上色的过程中需要注意两点：其一，
应以套色概念选择性设色。缺乏经验的初学者往往在运
用丰富色彩的同时忽略画面的整体色调，对于同一色系
不同层次的色彩关注较少，从而使得画面色彩突兀孤
立，搭配不协调；其二，应当重视马克笔的用笔方法。

一幅手绘作品要有较高的艺术表现魅力，关键要有丰富
的艺术语言。除却钢笔画底稿赋予的线条表现力之外，
马克笔的用笔也尤为重要。因为马克笔笔头呈方形，用
笔时产生明显的痕迹，钢笔和马克笔两种工具能否在同
一画面中有机融合，统一是关键所在。马克笔的笔触表
现没有固定的方法和模式，完全可以根据创作者对画面
的需求和个人的经验、喜好进行表现。（插图1-1-12、
插图1-1-13）

插图 1-1-12，向俊，马克笔是手绘表现中最常见的上色工具

插图 1-1-13，向俊，马克笔上色往往是建立在钢笔线稿的基础之上的

彩色铅笔也是一种普及性较高的设色工具，可以分为水溶性彩色铅笔和非水溶性彩色铅笔。其最大的特点是可以擦除修改（可以溶水），色彩丰富，但颜色的附着力较弱。通常可以将马克笔与彩色铅笔结合使用，发挥不同工具的线条特点，互为补充，相得益彰。

值得注意的是，无论采用哪种设色工具，具有强烈线条表现力的黑白钢笔画底稿都是必不可少的，是画面获得成功的重中之重。（插图1-1-14）

插图 1-1-15，各类手绘工具

就黑白类画法而言，以钢笔为主要工具进行艺术创作最具代表性。钢笔的种类很多，常用的有单线钢笔、弯头美工钢笔、鸭嘴式阔头笔、签字笔、针管笔等。因其取材方便，作画便捷，受到建筑师和设计师的广泛欢迎，成为他们的随身速写利器。由于钢笔具有笔头坚硬、出水流畅、线条硬朗的特点，因而作画时特别强调其线条表现特性，强调画面中线的造型、疏密，以及由线的对比产生的虚实、详略、主次等关系。整洁、明确、刚强、流畅的线条是这一工具的特点，绘画时应加以充分利用。（插图1-1-16）

插图 1-1-14，周长亮，以钢笔线稿为基础，再通过水彩上色、塑造的重彩画法

1.1.3　建筑速写的工具和材料

（1）工具

建筑手绘所采用的画法不同，相应的绘画工具也有所差别。通常绘画者会根据个人喜好选择硬笔工具，同时兼顾携带的便捷性。不同的笔所产生的线条表现力也有所差异，画面的效果和传达的严谨性也不同。钢笔、签字笔、美工钢笔、针管笔、炭笔、铅笔等都是常用的工具。采用此类硬笔获得的画面线条明晰，建筑造型明确，具有普适的使用价值。（插图1-1-15）

插图 1-1-16，万丙礼，美工笔表现的建筑手绘

　　除此之外，炭笔、铅笔也是非常受欢迎的工具。炭笔、铅笔作画简单，便捷快速，易于修改。由于非常容易涂抹开，因此并不适用于小区块或细部的速写。大面积以调子为重的速写作品，炭笔柔软的质地就成为了优点，可以借助平涂技法表现明暗，很容易建立大面积中间调子的区块，且有丰富的表现力。它既能表现建筑柔和的、宏伟的体量，又能表现细部和材料质感，是一种细腻而富有弹性的工具。但相较于钢笔画的稳定效果而言，炭笔、铅笔画在复印或者一般印刷之后，画面层次较差，表现力也随之减弱。（插图1-1-17）

　　色彩表现类的工具除前面提及的水彩、彩色铅笔和马克笔之外，还包括不太常用的彩色水笔、色粉笔等。它们在便携性和易用性上都各具特点，质地和颜色表现力各不相同，创作者一般根据自身的使用习惯和对工具特性的把握情况合理选择。（插图1-1-18）

插图 1-1-17，刘开海，铅笔表现的建筑手绘

插图 1-1-18，向俊，彩色水笔结合水彩表现的作品

（2）材料

建筑手绘的用材以各类纸张为主。目前市场上适用于手绘表现的纸张品类很多，不同质地、不同肌理、不同色泽的画纸可以获得不同的画面效果。一般选用质地较为厚实的画纸，以防止硬笔笔尖运行较快时不慎划破纸张。当然，创作者也可以根据作品的预期效果选择特殊纸张，营造特定的氛围。彩色类的建筑手绘多采用水彩专用画纸。纸张需要质地紧实、光滑而平整，方便流畅运笔。

出于便捷性的考虑，建筑手绘多在户外场所进行，因此用素描纸装订而成的成品速写本是比较好的选择。当然，也可以选用一块轻便、平整、具有足够硬度、尺寸合适的速写板。总体原则就是适于纸张大小合适、手感合适，便于作画。（插图1-1-19）

1.2 课程基本信息

1.2.1 教学目标

本教材所设计的教程主要关注建筑手绘的作画过程与步骤分解，强调课程的实用性和可操作性，讨论建筑手绘表现过程中所涉及的线条构成表现，画面组织关系与形式法则，以及相关单体的形式语言。对这类形式语言的练习，笔者希望传达的是对一种造型方法的学习。针对各种教学点所作的训练，是学习一种方法而非最后结果。课程要求通过四周的专项学习：一方面使学生认识建筑手绘在创作设计中的作用及其重要性，了解作画的基本步骤，掌握各种表现手法的特点，提高对作品的鉴赏能力，加强画面表达意识，培养三维空间想象力和展示力；另一方面，还要在练习的同时培养严谨的工程结构意识，通过画面体现深厚的建筑专业素养，为艺术、技术、科学的三位一体打下基础。（插图1-2-1、插图1-2-2）

插图 1-1-19，向俊，画在卡片（空白明信片）上的建筑手绘

插图 1-2-1，向俊，通过学习，掌握建筑手绘的方法

插图 1-2-2，向俊，通过学习建筑速写，也可提高审美和鉴赏能力

1.2.2　教学重点与难点

建筑手绘是一门技能型课程，只有教师的技能传授与学生的经验积累共同作用，才能收到良好的教学效果，使学生的徒手绘画技能得到显著提高，两者缺一不可。手绘水平若要取得长足进步，还必须依赖长期坚持不懈的训练。因此，如何在四周的课程中提高学生的审美水平，使其熟练运用线条、掌握线条，懂得如何合理组织画面，提高其快速处理画面的能力，是建筑手绘教学的核心，也是重点所在。

结合课程的实际情况，教学的难点可归纳为如下几个方面：

学生对绘画语汇的掌握能力较弱；

学生缺乏建筑（景观）基本知识；

学生对画面虚实、主次、详略关系的把握欠缺；

学生利用此手段进行创造性表达的能力较弱。

因此，合理且行之有效的教学安排尤为重要。本教材采用具有针对性的"单体拆解法"，将画面中纷繁复杂的单体"各个击破"，将画面基本元素打散后再重新组织。希望借由这种应用性教学方式，由简及难，帮助初学者对建筑手绘的步骤了然于心，活学活用。（插图1-2-3、插图1-2-4）

插图 1-2-3，万丙礼，但除了方法，还需要通过大量的练习才能达到一定的熟练程度

插图 1-2-4，李明同，学习建筑手绘方法很重要，不能只是盲目地练习

1.2.3 教学进程安排

（1）课程安排

课程分为四个阶段，分别为造型基本元素练习阶段、画面处理基础练习阶段、户外写生练习阶段和后期创作练习阶段，共计四周64课时。

每周上课第一天多媒体讲课，讲评作业，赏析优秀作品，借由这些画作一一对应地拆解分析。同时关注画面所传达的自然、人文精神与设计手法，图片赏析范畴从本课程内容拓展到相关边缘学科。讲课的内容以每周练习内容的技法技巧为主。讲评时，以学生在上一周作业中所存在的问题为主，并教授其碰到难题时的解决办法。笔者希望在教学过程中通过每一次的作业反馈和点评教授学生更多的方法，使他们不断提高个人的创作和判断能力，并能开阔视野，提高品位。同时，适当安排学生上台讲解，给予他们分析自己作品的机会。让我们讲解作业绘制的方法及过程、作业的优点及缺点，培养学生口头表述的能力和发现问题的能力。（插图1-2-5、插图1-2-6）

插图 1-2-5，向俊，造型基本元素练习

插图 1-2-6，向俊，每一阶段都须解决特定的问题、完成特定的任务

（2）学时分配表

课程单元名称	单元学时	学时分配	
		理论讲授	实践练习
一、造型基本元素练习	16 课时	4 课时	12 课时
二、画面处理基础练习	16 课时	2 课时	14 课时
三、户外写生练习	16 课时	4 课时	12 课时
四、后期创作练习	16 课时	2 课时	14 课时
合计	64 课时	12 课时	52 课时

1.3　建筑手绘的画面构成要素

1.3.1　线条

　　线条是钢笔建筑手绘的基本构成元素。利用多姿多彩的线条归纳景物形态是手绘最为常见的造型方法。不仅线条的直曲变化、疏密组合、黑白搭配可以使画面产生主次、虚实、疏密、对比等艺术效果，而且不同的笔触还可以传达极为迥异的视觉感受。创作者只有充分发挥线条的优势，才能最迅速、最简洁地概括建筑对象场景，并借助其传达凝重、理性、轻快、跳跃等多种情感。

　　就画面效果而言，用线可繁可简：一则可以用线条的层层覆盖来创造密度和控制色调，细致深入地表现表面、光影和体量，寻求翔实生动的肌理效果与明暗关系，并表现出建筑的许多偶然视觉特性；二则可以寥寥数笔，言简意赅，简洁干练。创作者必须要熟悉基本的线条、笔触表现形式，作画时才能做到胸有成竹，根据场景的内容和主题选择，应用恰当的表现形式。（插图1-3-1、插图1-3-2）

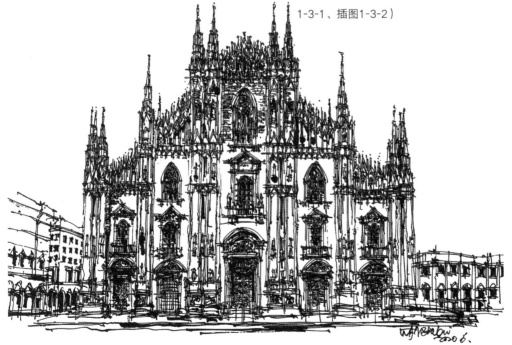

插图 1-3-1，万丙礼，线条是构成钢笔建筑速写的基本元素，其形式丰富多样。

插图 1-3-2，李明同，线条是构成钢笔建筑速写的基本元素

1.3.2 塑造

　　一幅完整的建筑手绘作品离不开对形体、空间、细节等方面的有效塑造。合理的塑造能为画面带来更丰富的层次和更完整的视觉效果，使画面的客观性得到增强。对建筑手绘而言，建筑（装饰）的形态结构、材质、明暗光影、空间透视，配景（植物、人物、设施等）都是塑造中须重点关注的要素。创作者应通过细心的观察，准确地分辨出画面中各类关系的形成原理和呈现要点，再逐一塑造，力求达到和谐且丰富的画面效果。（插图1-3-3、插图1-3-4）

插图 1-3-3，向俊，用色彩塑造的建筑场景

插图 1-3-4，庄宇，用明暗塑造的牌坊建筑

1.3.3　处理

处理是画面中最常见的艺术化表现手段。建筑手绘中存在多组画面关系，这些关系可以借助若干种处理手法清晰完整地表达出来。常见的画面处理手法有虚实对比、面积对比、疏密对比、黑白对比等。

画面处理讲求的是对多种画面关系处理得当。画面关系是相对而言的，更多地依赖创作者的主观处理。同一场景均以虚实对比处理画面，作者不同，对场景的认识不同，画面也会随之产生完全不一样的效果。学习画面处理手法需要多体会、多比较、多观察，才能逐渐领悟。（插图1-3-5、插图1-3-6）

插图 1-3-5，袁华斌，对比是画面处理的最基本方法

插图 1-3-6，袁华斌，画面如果缺少处理，会显得杂乱和无序

1.4 作业评价标准

建筑手绘与其他传统类别的绘画相似，成果评价一般可从画面展示出的直观效果给以优劣判断。从专业的训练要求来看，常常从以下四个方面对一幅作品的质量加以具体而细化的衡量。

1.4.1 整体性：局部、整体及空间关系

整体性的塑造是画面的首要问题，也是评价的首要标准。它要求画面能处理好单体局部刻画和群体组合效果之间的协调关系。整体性的不佳或缺失将直接使画面变得散乱，合理性不足，各景物间难以形成合力，难以给人形成整体印象。在整体性的要求下，应从画面空间关系是否合理舒适、各局部之间的关系是否和谐有序、局部表现是否服从整体展示要求、整体视觉面貌是否协调有力等方面给出评价标准，使学生在处理整体关系方面建立起明确的概念，努力确保画面整体效果的良好呈现。（插图1-4-1）

插图 1-4-1，庄宇，整体性较强的画面，显得紧凑，富有视觉张力，每一个局部和细节都是画面不可分割的一部分

1.4.2 科学性：透视、构图及技法处理

绝大多数的建筑手绘作品都是以客观对象为参照，表现的内容会力求被多数人所理解。科学性便是让绘画者与普通观众建立沟通的基础纽带。画面呈现的科学性有符合自然规律的科学，也有符合审美规律的科学。前者主要表现为画面应遵循透视的原则要求，符合近大远小的基本特征，使每个景物都能存在于合理的空间体系内；后者主要表现为运用美学原则精心组织构图，并结合科学的技法处理使画面的美观性和视觉舒适性得到保障。如果违反了两者中任意一项规律，作品效果都会违背人们的日常经验，变得凌乱怪异，使人难以接受。因此，科学性作为手绘的评价标准，在练习中应严格把握。（插图1-4-2）

插图 1-4-2，庄宇，科学、合理的透视关系，使得画面具有极强的纵深感

1.4.3 丰富性：主次、节奏及对比

手绘作品的视觉丰富性是用于评价画面塑造能力强弱的基本标准。好的画面不会仅提供单一、有限的观感，它会竭力让场景所承载的信息变得饱满丰沛，不断以各种方式层层冲击观者的眼球，使他们享受一场视觉盛宴。丰富性的营造与画面主次关系、节奏关系的处理紧密相关。绘画者可利用对比的手法在上述两方面拉开反差，并在此原则下通过对中间层次的塑造，提升画面的丰富性。（插图1-4-3）

插图 1-4-3，庄宇，深入刻画的画面，空间层次丰富

体结构，准确传达创作者的所思、所想、所感，展现创作者与众不同的个性；能否通过点、线、面之间流畅熟练而巧妙设计的组合搭配，传达超脱画面的象外意境，带给观众新鲜的视觉感受和无尽的思考、联想与回味，这些都是艺术性所要考量的指标。这些目标的达成，必须建立在对艺术性的良好感知与长期而刻苦的训练之上，这样速写时才能做到自觉、熟练地表达，让艺术性自然而然地流露。（插图1-4-4、插图1-4-5）

1.4.4 艺术性：点、线、面的表现力

重视对画面艺术性的评价就不能忽视艺术手段所起到的作用。承载艺术手段的点、线、面的表现力的强弱，是影响画面艺术性高低的根本因素。能否灵活、合理、有效地利用点、线、面，简洁而准确地表现建筑形

插图 1-4-4，万丙礼，具有艺术性的画面总是更能打动人，引起人的共鸣

插图 1-4-5，向俊，艺术性是建筑速写追求的最高境界

第二章　建筑手绘课程练习

2.1　练习板块一：造型基本元素练习

2.1.1　课程相关信息

（1）课程内容

选取常规的建筑画组景元素，按类别逐一进行塑造练习，内容包括小型单体建筑、植物、水体、景石、铺装、人物、天空、交通工具等。练习中应运用已经学过的点、线表现方式独立组织表现。要求掌握各类单体3种以上表现手法。（插图2-1-1、插图2-1-2、插图2-1-3）

插图 2-1-1，单体建筑

插图 2-1-2，植物

插图 2-1-3，叠水

（2）训练目的

培养学生对造型基本元素结构的理解与形态表现能力，能灵活运用各类表现手法塑造单体对象，明晰不同手法各自的特点和适用范围。（插图2-1-4）

插图 2-1-4，李国胜，结构表达清晰的单体建筑

（3）重点和难点

①重点：

a. 掌握多样化的表现技巧

造型基本元素分类练习要求短时期内尽可能多地掌握不同类别单体的表现手法，以达到应用的目的。因此在练习中要了解、熟悉各种表现技法的一般规律，抓住要点，有效组织线条。（插图2-1-5、插图2-1-6、插图2-1-7）

插图 2-1-5，夏克梁，用线结合面的手法表现的单体

插图 2-1-6，夏克梁，用线条表现单体的形体和结构

插图 2-1-8，向俊，在单体的基础上略加配景便成为一张完整的画面

插图 2-1-7，夏克梁，线条结合略带明暗的手法表现的单体

②难点：

a. 灵活地组织运用线条

线条形态多样，具有独特的魅力。由线条组织表达的单体也应当传递优雅、干练等情感。初学者易将线画得死板，一味追求把线画准，无法强调线条个性，致使画面缺少视觉张力和艺术感染力，进而导致多种画法间的差异模糊、甚至雷同。（插图2-1-9）

b. 兼顾单体形态

单体景物作为一幅画面的基本造型单元，是构成画面美感的重要形态元素、关系元素。每件单体不仅自身要具备美感，还会影响到整个画面节奏的舒缓、跳跃。初学者在练习时，在关注表现技巧的合理灵活应用之外，必须兼顾对造型美感的准确把握，把对象的形体特点刻画到位。（插图2-1-8）

插图 2-1-9，夏沐妍，用线肯定、随意、自如的简易建筑

b. 深入地刻画物体

造型基本元素练习要求深入地研究或刻画独立造型元素，将造型形态、线条组织、黑白对比、节奏关系处理到极致。虽然内容不多，但力求到位。初学者在塑造时容易流于表面，抓不住要点来展开进一步的刻画，导致细节的深入程度不足，内容显得平淡，不够精彩。（插图2-1-10）

插图 2-1-10，龚立明，刻画深入的柴火

2.1.2　示范作品

（1）教师示范作品

夏克梁植物、石头系列作品：夏克梁为中国美术学院的副教授，坚守在教学的第一线并常年坚持写生实践，注重教学与实践相结合。其手绘作品兼具实用性和艺术性，被无数速写爱好者效仿，具有一定的引领性，特别是备受高校建筑、环艺设计专业师生的青睐，出版的多部速写书籍被全国数十所高校指定为专业课程配套教材。

夏克梁的众多系列作品中，植物和石头系列作为手绘的基础范本，易懂、易学、易掌握。植物和石头是建筑速写中最基本的构成元素，离开了植物和石头的配景，就难以构成完整的画面。笔者在教学中深深感到植物和石头的单体练习也是学生最难以掌握的内容。植物和石头的单体相比于整个画面，尽管其形态简单，但同样包含着绘画的基本原理及处理画面的普遍规律，只要学会单体的塑造和处理，也就不难表现植物、石头等元素的组合，建筑小品和空间的处理。夏克梁的这一系列作品就如何更好地表现植物、石头进行集中分析和讲解，从中找到的表现方法和基本原则，是建筑、景观、园林等专业的学生学习手绘很好的参考资料。（插图2-1-11、插图2-1-12、插图2-1-13、插图2-1-14）

插图 2-1-11，夏克梁，灌木丛的表现要注意不同植物的穿插变化及植物之间关系的表达

插图 2-1-12，夏克梁，石头的表现要注重它的体块特征和形体变化

插图 2-1-13，夏克梁，石头和植物的组合，通过疏密对比来表现不同质感，也使表现的画面更富变化

插图 2-1-14，夏克梁，无论是乔木还是灌木，在表现的过程中要注重树冠体块的表达

（2）学生优秀作业

陈丽娇笋筐系列作品：陈丽娇为"边走边画"的学员，该生所表现的笋筐注重对结构的表达，用线肯定有力，依靠线条的疏密对比来拉开前后的空间关系，使表现的笋筐严谨却不呆板，具有一定的视觉张力。（插图2-1-15、插图2-1-16、插图2-1-17）

插图 2-1-16，陈丽娇，装满丝瓜的篮子，通过刻画的深入程度拉开篮身的远近关系

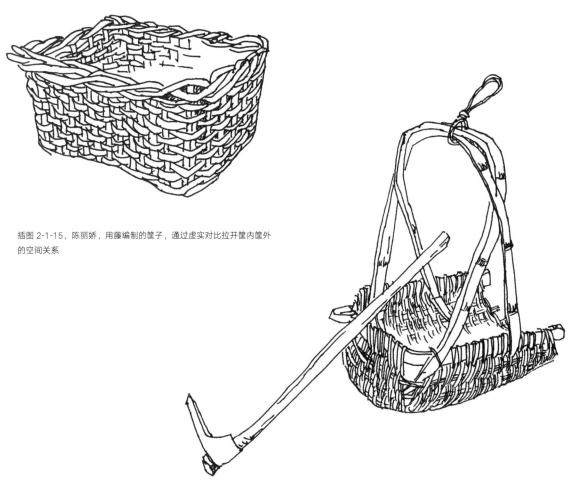

插图 2-1-15，陈丽娇，用藤编制的筐子，通过虚实对比拉开筐内筐外的空间关系

插图 2-1-17，陈丽娇，篾编的簸箕，也是通过虚实对比拉开内外的空间关系

邱晓雯牛腿系列作品：邱晓雯为"边走边画"的
学员，该生选择的是建筑构造——牛腿，线条刚劲、有
力，能清晰表达牛腿的结构和形态。线条的组织注重疏
密的变化，使表现的画面主次分明，并具有一定的空间
感。（插图2-1-18、插图2-1-19）

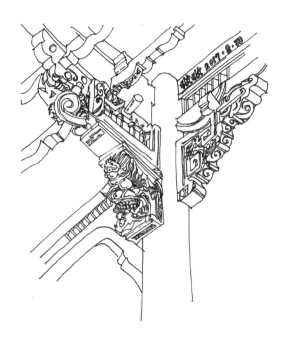

插图 2-1-19，邱晓雯，牛腿二，在清晰表达出牛腿之后，画面强调了主
次的对比关系

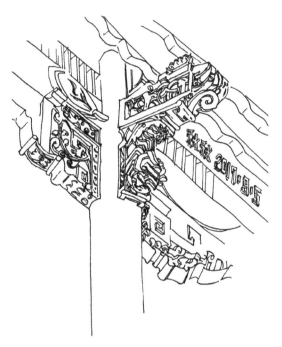

插图 2-1-18，邱晓雯，牛腿一，用线肯定并清晰表达出了结构和转折关系

王振柴堆、石头、单体建筑系列作品：王振为"边
走边画"的学员，该生在单体、小品的训练过程中注重
物体的组合及其构图的变化，常采用线条结合影调（适
当）的方法塑造形体，使表现的物体厚重、扎实，且具
有一定的艺术性。（插图2-1-20、插图2-1-21、插图
2-1-22）

插图 2-1-20，王振，鸡窝，清楚地表达了建筑的形体和结构

插图 2-1-21，王振，植物和杂物的组合，疏密变化得当，高低错落有致，使表现的画面富有变化，具有节奏感

插图 2-1-22，王振，植物和柴堆的组合，刻画程度不同，使表现的画面前后层次更加分明

（3）课程拓展

① 优秀作者及作品

陈新生（合肥工业大学教授，出版过《配景与细部》等十多本建筑速写方面的书籍，作品受到大量建筑、景观专业师生的关注）（插图2-1-23、插图2-1-24）

插图 2-1-23，陈新生表现的城市景观

插图 2-1-24，陈新生表现的单体及景观元素

　　夏克梁（出版过《夏克梁手绘景观元素》系列等十多本建筑速写方面的书籍，作品兼具实用性和艺术性，关注度较高）（插图2-1-25、插图2-1-26）

插图 2-1-25，夏克梁表现的石头元素

插图 2-1-26，夏克梁表现的场景小品

② 推荐网站及相关书目

a. 相关微信公众号

"观内外"是广州"观内外"手绘教育机构的公众号，定期推送手绘及建筑速写的相关内容，其中有很多内容值得参考和学习。

"绘聚文化艺术研究院"是郑州"绘聚"手绘教育机构的公众号，也会定期推送手绘及建筑速写的相关内容，很多内容具有一定的参考价值，值得关注。

b. 相关书目

《配景与细部》陈新生等编（2009年3月，机械工业出版社）、《夏克梁手绘景观元素——植物篇》（上、下）夏克梁著（2014年1月，东南大学出版社）。《夏克梁手绘景观元素——置石篇》夏克梁著（2015年7月，东南大学出版社）（夏克梁出版的系列丛书，源自教学，对景观手绘、建筑速写元素系统地逐一进行讲解和训练，通过单体的练习来认识速写的基本原理、掌握塑造单体的基本方法、了解处理空间层次的普遍规律，对处于建筑速写初级阶段的学习者而言具有一定的参考价值。）

2.1.3 绘画原理和表现技巧

（1）线条的特点和表现方法

① 用线的基本要求

钢笔建筑画主要靠线条塑造形象，它是构成形体的基本单位。线条的变化组合不仅能使画面产生主次、虚实、疏密等艺术效果，不同的笔触还可以传达个性化、风格化的视觉感受。作者可以借助线条的个性特点，传达对物象的各类情感。每位初学者都应学会根据场景的内容和主题，选择应用恰当的线条表现风格。这就要求创作者在作画前必须熟悉各类线条、笔触的基本用法，下笔时才能做到胸有成竹，游刃有余。（插图2-1-27、插图2-1-28）

插图 2-1-27，李明同，具有国画意味的钢笔手绘，用笔肯定、缓慢而多为短笔触

插图 2-1-28，冯启明，用笔肯定、快速并适当结合体块，使画面表现轻快多变

　　既然线条对画面效果的影响至关重要，学习时就必须达到可以对线条灵活控制的程度。为了使任何一笔都富有表现力，务必让每一笔都代表更多的含义与内容。肯定、干净、流畅是画线的基本要求。由于作画过程中直接用钢笔、针管笔等工具勾勒对象，线条无法擦拭、覆盖、涂改，这就要求作者必须在下笔前对所绘对象的结构、体块穿插关系、细部造型等方面建立起清晰明确的认识，考虑好线条的位置、形态、疏密以及线与线之间的组织方式，下笔之时果敢大胆，一气呵成。（插图2-1-29）

插图 2-1-30，陈世康，用笔时受力均匀，线条干脆到位的画面

插图 2-1-29，陆盈睿，下笔必须要果断，用笔则可以缓慢

　　画面若要达到较为理想的效果，用线时应遵循如下几点：

　　a．线条应肯定有力，运笔要放松。好的线条基本上要做到用力平均，有分量感。开始时用笔不宜快，应将准确性放在首位，追求较高的到位率。一次一条线，位置、长短与方向要做到基本准确，努力控制好线条的运行轨迹，要能控制到每一点，且完全是主动的，以"不涂改，不覆盖"为目标，切忌分小段往复描绘。用笔不能像溜冰，一滑而过。线条一定要留得住，必须根根到位，条条清晰，防止"坠"（笔没拿稳）和"飘"（笔没捺住）。画面中出现的所有线条都要确保其有价值，能发挥应有的作用，切忌出现随意涂抹的线条，并在不断练习过程中将多余的废线逐步消灭。（插图2-1-30、插图2-1-31）

插图 2-1-31，夏沐妍，受力均匀的线条本身虽无太多变化，却通过线条的疏密组织使画面产生主次、远近的空间层次

　ｂ．在保证力量均匀的同时，针对不同的对象，线条还应讲求变化，有顿挫轻重之感。力要结合软，不是光有力就好，要既刚且柔，柔里见刚，刚中见柔。好的线条要绵里包针，百炼钢化绕指柔。只有这样，才能做到精微、完满地表现对象，在一条线里解决多个问题。（插图2-1-32）

　ｃ．当一条完整的长线无法一次性持续、稳定地画出时，可将此线条做适当的分段，一段接一段地画。分段点可做间隙式留空，不宜做点叠点式描接，否则前面线条的末端与后面线条的起始点交合，容易在纸上留下明显的笔触接头，看上去缺乏连贯性，从而影响画面效果。尤其在以钢笔线表现建筑类对象时，需要运用大量长线条勾勒形体轮廓，且用线必须连贯、挺直。初学者往往难以做到一气呵成。遇到这类情况，就要有意识地将长线做分段处理，适当插入点状元素，自然地做出衔接，确保线条的节奏与流畅。（插图2-1-33）

插图 2-1-32，万丙礼，富有变化的线条所组成的画面显得更加生动

插图 2-1-33，夏沐妍，钢笔画的线条可以做到停顿。可以是短线条，但落笔必须要肯定

　　d．勾勒物体时须保证块面边缘节点处的线条正确交接，在某些风格控制下，交叉处线条可做出头处理。在绘画时，作者应保持严谨的空间结构意识，每个面都要通过线条的相互封闭确保完整性和合理性，有时宁可"画出头、画过"，勿"画不到、不及"。牢牢相连的线条可使对象形体显得更为结实完整。（插图2-1-34、插图2-1-35）

插图 2-1-34，李明同，建筑手绘中线条的到位至关重要。到位很重要的一点就体现在界面边缘节点处是否封闭或交叉

插图 2-1-35，鲁东东，界面边缘的节点处都处于封闭或交叉状态的建筑显得格外严谨，也使画面显得更加有张力

e. 用线原则：宁可局部小弯，但求整体大直。当无法控制线条的走势，其方向趋势与物体结构严重脱离时，不要涂改，而应及时停止，重新再来。物体轮廓、重叠、转折等特定部位的线条可适当加粗强调。（插图2-1-36）

② 线的表现形式

以下我们列举出钢笔画中几种比较典型的线条表现形式，初学者可根据对象类型合理选择使用。

快速平滑线：

线条直且具有速度感，多用于表现物体的形体关系。此类线条传达清晰明了的视觉效果，画面爽快大方，也可以短线形式转换方向，多次重复，塑造物体的明暗体积关系或富有规律的材质肌理。（插图2-1-37、插图2-1-38、插图2-1-39）

插图 2-1-36，夏克梁，线条是构成钢笔画的最基本单位，想画好钢笔速写首先就要先解决用线问题

插图 2-1-37，快速平滑线

插图 2-1-38，蔡亮，快速平滑线在表现台阶等地方的运用

插图 2-1-39，局部

缓线：

以慢速画线。缓线给人以稳定、严谨、扎实的感
觉，体现出较强的线条控制能力，多用于表现物体轮
廓。初学者大多追求线条的速度感，但在没有扎实基
础的前提下，这样的线条容易失去控制，使画面显得
"飘"，不够稳定耐看。（插图2-1-40、插图2-1-41、
插图2-1-42）

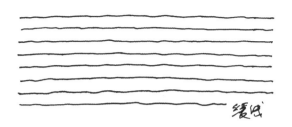

插图 2-1-40，缓线

插图 2-1-41，邓攀，缓线在表现屋面时的运用

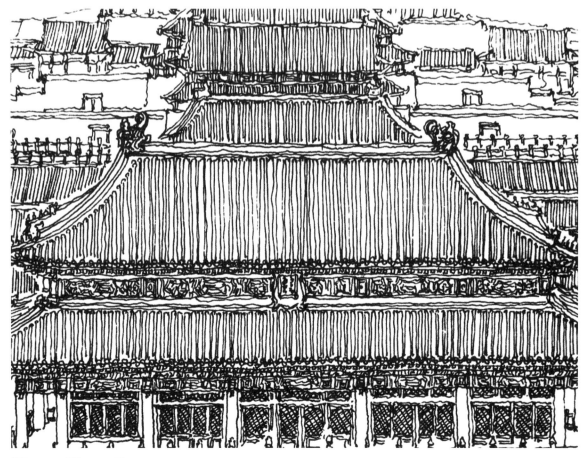

插图 2-1-42，插图 2-1-41 局部

颤线:

　　运笔上下颤动。以颤线构成的画面可以带来特殊的
视觉效果,形成强烈的徒手绘画之感。可用于表现场景
中特定的物体,例如水景、倒影之类的材质肌理。（插
图2-1-43、插图2-1-44、插图2-1-45、插图2-1-46、插
图2-1-47）

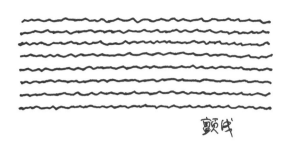

插图 2-1-43,颤线 .jpg

插图 2-1-44,华婷,颤线在表现石头质感时的运用

插图 2-1-45,局部

插图 2-1-46,路瑶,颤线在表现水面质感时的运用

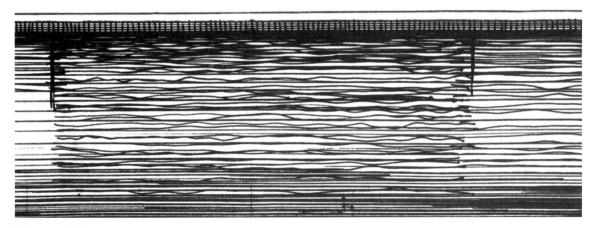

插图 2-1-47,局部

断线:

运笔缓慢,由断续的点和短线组成。通常以成组排比的方式连续用线,虚虚实实,富有变化。多用于明暗画法中物体背光部位,塑造光影下的体积关系。这类线条以长线为主,适当结合短线或点,其整体效果接近缓线。在画面中可以选择性地有意而为之。(插图2-1-48、插图2-1-49、插图2-1-50)

插图 2-1-48,断线

插图 2-1-49,李国胜,断线在表现围墙时的运用

插图 2-1-50,局部

自由线：

　　自由、随意地画线，是钢笔画线条运用到一定熟练程度的结果。不受固定规律限制，多用于快速表现画法，须具备较好的线条控制能力方可掌握。用线较前者更为随性奔放，适当运用可使画面效果更显灵动。（插图2-1-51、插图2-1-52、插图2-1-53）

　　除了上述若干种直线方式之外，钢笔建筑画中亦有大量曲线甚至乱线，曲直结合，相得益彰。效果各异的曲线使用得当，甚至可以起到画龙点睛的效果。

插图 2-1-51，自由线

插图 2-1-52，万丙礼，自由线在表现植物时的运用

插图 2-1-53，局部

曲线:

　　用于表现曲线形态的建筑结构或植物形态，也可以组合表达某些特殊的肌理效果，如粗犷扭曲的树干、质地粗糙、生态自然的夯土墙面等。线条富有动感，有组织性，流畅而多变化。常以排线的方式成组出现，用线应注意方向的转换承接，不至于单一。（插图2-1-54、插图2-1-55、插图2-1-56）

插图 2-1-54，曲线

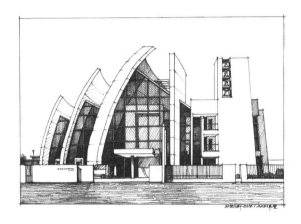

插图 2-1-55，李国胜，曲线在表现圆弧建筑时的运用

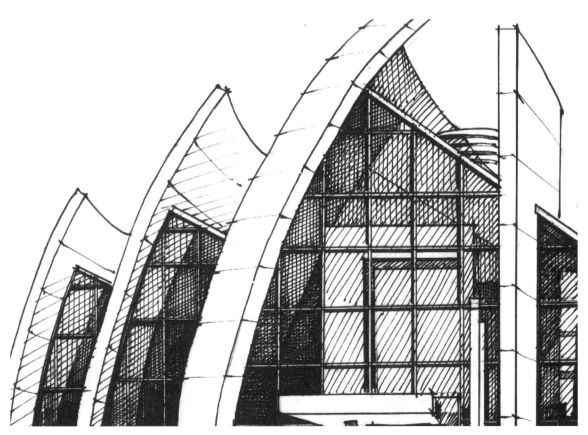

插图 2-1-56，局部

乱线：

所谓"乱"，并不是漫无目的地随意涂画。乱线多采用画圈方式或螺旋式用线，线条本身具有一定的内在规律，但在用线上可以反复叠加、重复，因而多用于表现物体明暗关系。以乱线组织而成的画面具有特殊的视觉效果。但在运用乱线时，需要时刻以整体的眼光掌控全局，控制好乱线组织之下对象形体的明确性以及画面的黑白关系，否则容易陷入散乱的困境。（插图2-1-57、插图2-1-58、插图2-1-59）

插图 2-1-57，乱线

插图 2-1-58，潘玉琨，乱线在表现树冠时的运用

插图 2-1-59，局部

③ 线的组合方法

线条可以有多种组合方式，创作者应根据画面需要，选择合适的组合形式进行表现，使物体产生明暗层次的渐变。常用的线性组合方式有如下几种：

a. 直线线条排列形成方向感

以平行铺排直线条的方法组织线条，线条之间的间距、线条整体的斜度、长度都可以根据块面灵活调节。此类线条练习主要以横向、竖向与斜向三类为主，也是最为常用的排线方式。（插图2-1-60、插图2-1-61、插图2-1-62）

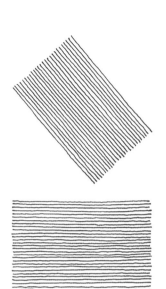

插图 2-1-60，路瑶，平行铺排的直线条在画面中的运用

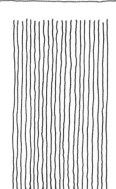

插图 2-1-61，直线的线条排列形成方向感

插图 2-1-62，局部

b．曲线线条排列形成运动感

以平行递进的方式铺排曲线，根据块面空间关系合理控制线条的疏密关系，从而产生强烈的进深空间效果。（插图2-1-63、插图2-1-64、插图2-1-65）

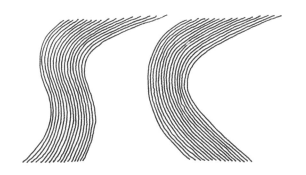

插图 2-1-63，曲线的线条排列形成运动感

插图 2-1-64，潘玉琨，平行递进的铺排曲线在画面中的运用

插图 2-1-65，局部

c．线条的叠加形成明暗层次

线条叠加大致可分为平行叠加、交叉叠加以及斜叉叠加三种，也可以在个人理解的基础之上自由组合、发挥，是画面刻画深入、生动的重要环节。（插图2-1-66、插图2-1-67、插图2-1-68）

插图 2-1-66，李国胜，线条的叠加在画面中的运用

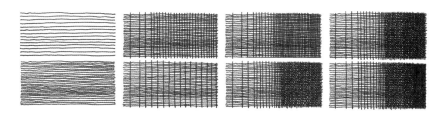

插图 2-1-67，线条的叠加形成明暗层次

插图 2-1-68，局部

（2）体块的塑造方法

① 体块的概念

体块由高度、宽度和深度所组成。深度在造型艺术中被称为物体的空间性（即立体性），这也是体块的最基本特征。无论我们所描绘的对象呈现如何繁复的形态样貌，其本质都能归结为简单的体块造型。因此，把握住体块的空间特征和构成规律，将线条建立在空间体块的骨骼之上，就可以抓住对象的本质。（插图2-1-69、插图2-1-70）

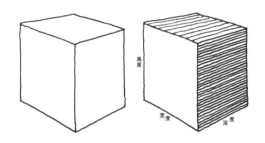

插图 2-1-69，体块由高度、宽度和深度组成

插图 2-1-70，庄宇，一般的建筑都可以将其归纳为几个简单的几何体块

② 体块的塑造方式

体块形态变化多样，基本塑造方式有以下三种：

a．线条塑造

这种表现方式在钢笔建筑画中被广泛应用，要求创作者有扎实的线条基本功，同时对描绘对象的结构有正确的认识和理解。画面关系清晰、整体，通过有意识地组织体块的线条的疏密关系控制画面的韵律和节奏。（插图2-1-71、插图2-1-72）

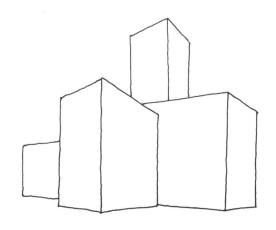

插图 2-1-71，用线条塑造体块

插图 2-1-72，周锦绣，通过线条的组织表现建筑的形态和体块特征

b．线、面结合式塑造

　　由勾勒明确的块面轮廓与多样的线条形式结合表现
体块。物体形态完整，结构关系明确。既能概括物体的
结构关系，又能适当深入刻画，是初学者易于掌握的手
法。（插图2-1-73、插图2-1-74）

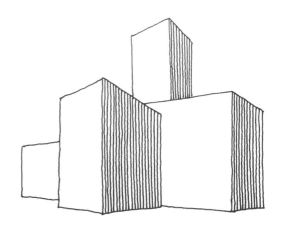

插图 2-1-73，用线结合面塑造体块

插图 2-1-74，周锦绣，通过线、面结合的方式表现的建筑及空间

c．以面塑造

直接利用排线成面的方式表现体块的明暗、转折关系，塑造体积感。这样的表现方式深入而富有变化，但必须建立在透视原理基础之上，符合基本的透视规律。（插图2-1-75、插图2-1-76）

插图 2-1-75，用面塑造体块

插图 2-1-76，韩子明，通过线条排列所组成的面来表现建筑风景的体块

③ 体块的组合方法

　　无论现实描绘对象自身形态如何丰富，物体和物体
彼此之间的存在关系如何复杂，都可以归结为简单体块
的若干种组合方式。经简化后力求画面层次清晰，能够
根据作者的意图有的放矢，较好地表现画面物体组织关
系。（插图2-1-77、插图2-1-78）

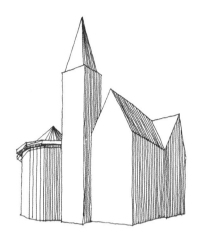

插图 2-1-77，体块组合的方法

插图 2-1-78，夏克梁，复杂建筑体块化

    体块的组合方式有多种，其中比较常用的组合方式
是重叠组合。这种方式能够容易且有效地区分物体的空
间层次关系，是初学者易于掌握的方法。（插图2-1-79、
插图2-1-80）

插图 2-1-79，不同形态的体块重叠组合

插图 2-1-80，李国胜，通过体块的重叠组合来表现建筑的前后关系

（3）结构与材质

① 强化结构意识

城市环境中，各种元素都有其不同的生成方式和构建规律。建筑有建筑的结构关系，植物有植物的结构关系。各种满足城市生活需要的环境设施，如座椅、垃圾箱、桥、候车亭、报刊亭等也有其各自的结构关系。对象的个性特征多是由其内在结构所决定的，它是提高画面元素辨识度的重要因素。结构关系若把握不准，物体的形态特征也难以准确呈现。它易使画面失去客观性，甚至会影响画面的美观度。要塑造好形态特征，除了须对对象的基本特点做到全面观察和精准把握，并在绘画时着重突出这一部分外，更须准确理解物体的生成结构，表现出清晰合理的构成关系。（插图2-1-81）

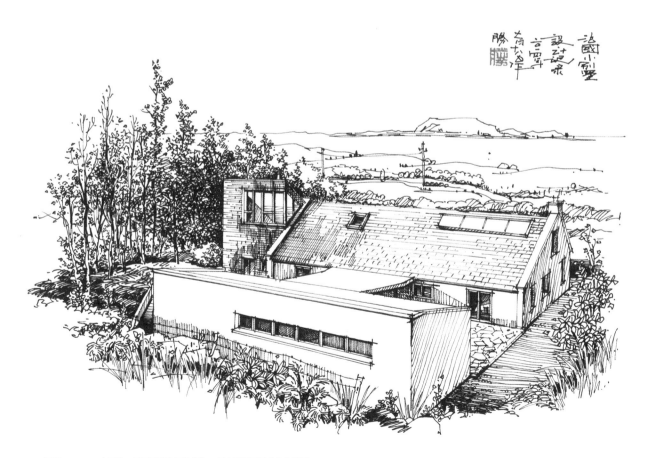

插图 2-1-81，李国胜，无论是建筑还是植物，各自都有不同的结构关系

对每件物体构成（生长）原理的理解是正确表现其
结构体系的关键。在手绘中，创作者应该先仔细地观察
对象的构成方式或生成状态，在理解其基本关系的基础
上，遵循其构成规律进行表现，将每件物体的形态结构
合理地描绘，清楚地传达在纸面上，从而使场景的关系
也变得合理。尤其是最常见的建筑和植物的结构关系，
必须牢记在心，合理刻画。初学者在练习中，常常出现
遇到不理解的结构关系便省略不画，或是凭自己的主观
想象进行随意创造的现象，以致画面常常显出怪异感和
反常感。这些方式都无助于他们速写水平的提高和设计思
想的培养，应注意避免。（插图2-1-81、插图2-1-82）

插图 2-1-82，万丙礼，表现植物首先要了解植物的生长规律和结构关系

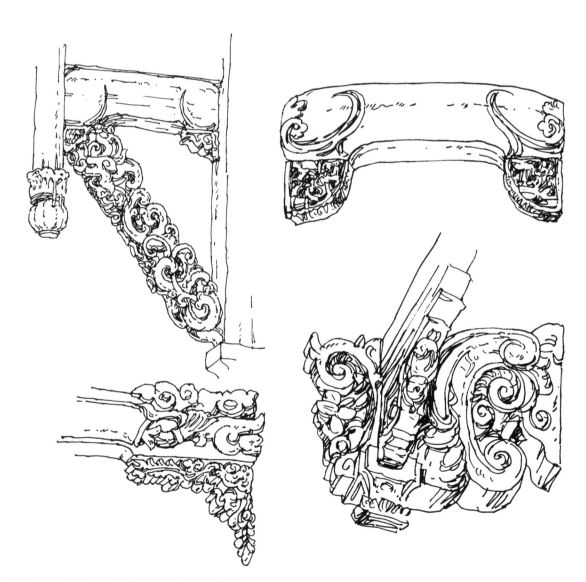

插图 2-1-83，夏克梁，表现建筑的构件也要了解构件的结构关系

② 不同材质及其表现方法

材质是展现物体个性特征的元素之一，它是指材料的一系列外部特征，包括色泽、肌理、表面工艺处理等。环境中的建筑及其他物体的表面都是由一定的材料构成的，无论是光滑还是粗糙、柔软还是坚硬，它们的存在及相互间的搭配组合都会让物体呈现出不同的视觉效果。构成各物体的材料不同，使场景产生了丰富感和变化性。（插图2-1-84、插图2-1-85）

插图 2-1-84，夏克梁，各种材质的表现

插图 2-1-85，李明同，无论是钢笔表现还是上色表现，都需要表现建筑表面的材质特征

单体表现练习中，对于材料及质感的表现也是画面塑造的重要环节。材料是物体的外表皮，不同表面的组织结构的差异性使得它们吸收和反射光线的能力各不相同，会显现出不同的明暗色泽、线面纹理，在画面中须通过对质感的刻画加以体现。正确地表达出画面内各部分的材料及质感，是建筑速写的基本要求，也是使画面呈现真实感的重要途径。（插图2-1-86）

材质的表现关键在于对材料表面的光线反射程度的描绘。各种材料表面对光线的反射能力强弱不一，须针对材料的特点表现质感。玻璃、金属或是抛光的石材对光线的反射能力较强，会形成一定的镜面效果并容易产生高光，在刻画时须注意表现出较为明显的黑白反差和环境反射效果，用线方向宜一致；木材、外墙漆等材料对光线的反射能力较弱，刻画时略带光影反射表现即可，质地也可少量勾画；砖、毛面的石材和植物一类材质对光线的反射能力很弱，表现中无须刻意强调反光和明暗反差，只须刻画基本的纹理样式，适当使用不规则的短线组合表达材料的粗糙感。抓准了材料在受光时表现出的不同特性，质感刻画的问题也就迎刃而解了。（插图2-1-87、插图2-1-88）

插图 2-1-86，夏克梁，任何一个单独的物体都由一种或多种材料所构成，描绘时应该要表现出不同材质的质感特征

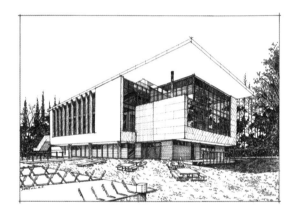

插图 2-1-87，鲁东东，玻璃、金属反射能力较强，表现时应不同于木材、外墙涂料等反射较弱的材料

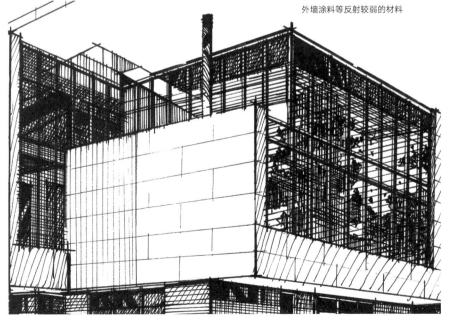

插图 2-1-88，局部

2.1.4 案例

（1）单色表现及工具

单色表现用于训练除色彩关系以外其他各类画面关系的塑造能力。常用的表现工具除钢笔类硬笔，炭笔、铅笔类素描绘画用笔外，还包括水彩、马克笔等色彩类绘画工具中的灰色系。它们都能使画面展现丰富的层次，形成整体的风格。

① 植物

植物的表现主要分为乔木、灌木和花卉的表现。乔木的表现应从树冠的组团关系入手，将大树冠区分出上下、前后、左右的团块组合关系，刻画各团块的明暗交界线，同时统一于整体的明暗关系。树干部分应遵照树木的生长规律，将主干和分支的连接方式描绘清楚。对于远景中的乔木，一般可进行平面化的处理，但是仍要注意树木的轮廓变化。中景的乔木多离建筑较近，可适当加以细致描绘。前景的乔木一般接近于构图的边缘处，可概括处理。灌木的表现主要是区分几块界面的关系，若处于前景可做生动处理。花卉的表现原理同灌木。（插图2-1-89、插图2-1-90）

插图 2-1-89，万丙礼，花草的表现要注意它的形态，并运用组团的方法呈现

插图 2-1-90，夏克梁，灌木的表现要注意体块间的关系和表达

② 道路

在表现地面铺装时，一是要根据道路走向和透视
关系，将铺装的远近渐变表达清楚；二是须依照不同类
型的铺装方式，将铺装的组合关系（碎拼、相嵌、排列
等）表达清楚，以体现各铺装的特色。在表现中，常常
出现现实中的平路面在画面上却产生上翻感的问题。初
学者应通过仔细检查透视线、认真核对消失点的方法，
使地面恢复正确的透视关系。（插图2-1-91）

插图 2-1-91，吴冬，路面或台阶的表现最关键的是要把握好透视关系

③ 人物

　　速写中的人物表现，不仅能给画面带来生机，也体现出人与自然环境和谐共存的美好意境。人物的安排，应根据画面的构图需要进行组织，也要根据画面内容进行姿态的选择与确定，使其符合主题和环境。远景中的人物应作概括处理，中景的人物要表现出动态，上装与下装要区分开，服饰特征可适当表现详细。人物的发型和脸部，简单交代即可。根据不同的表现风格，人物的造型还可以适当地夸张，以符合画面的整体需要。画面中特别要注意人物和环境间的比例关系，人物过大或是过小都会使场景的尺度变得不真实。（插图2-1-92、插图2-1-93）

插图 2-1-92，陆盈睿，人物的表现要注意结构比例和动态特征

插图 2-1-93，向俊，人物在画面中的运用

④ 交通工具

交通工具以汽车最为常见。汽车往往是以现代建筑为主体的风景表现中不可缺少的内容。它不但能够体现当今时代的特征，而且也能为城市环境增添现代化的气息。画汽车首先需要了解汽车的造型和结构，其次需要对其在环境中的比例和视角进行仔细地推敲和合理地表现。（插图2-1-94、插图2-1-95）

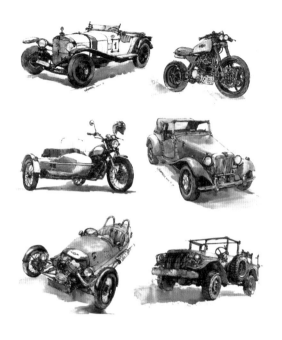

插图 2-1-94，万丙礼，交通工具的表现要注意造型、结构及线条的运用

插图 2-1-95，向俊，交通工具在画面中的运用

⑤ 水景

水景是建筑风景手绘中常出现的配景。因为水景的存在，场景的气氛变得活跃，各种建筑及环境的倒影浮现于水面，也使得风景的层次变得丰富。在水景的表现中，对水的特征性应牢牢加以把握，既可以描绘建筑物等倒映在水中的形象，也可以表现微风拂过水面时，表面所泛起的浅浅波浪。若描绘倒影，须注意倒影的虚化处理，以区别于地面的建筑物等实体；若表现水波，则须注意波纹的疏密关系，靠近岸边的波纹较密，越接近中心区域，波纹越疏。在水景表现中，尤其需要注意对驳岸和水面的区分，应在两者的交界处适当加强对比关系，将岸和水区分清楚，避免混为一团。（插图2-1-96）

插图 2-1-97，向俊，上色需要一定的方法和步骤

插图 2-1-96，夏克梁，水景的表现要注意水的流动性及倒影的特点

（2）彩色表现及工具

彩色表现以单色表现为基础，侧重于训练色彩关系的构建能力，其主要工具包括水彩、马克笔、彩色铅笔等。

①上色方法

无论使用水彩还是马克笔，在构图合理、线条流畅的钢笔线稿上设色，宜由浅至深，由纯入灰，逐层递进。首先选择单体中面积较大的浅色部位着色，再依据明暗变化关系逐步加深，并同步加入冷暖关系。在不断增添颜色的过程中，需要控制好色相及明度、纯度的对比关系，并始终保持正确的形体空间关系。（插图2-1-97）

② 表现步骤

首先区分大色块及转折面，其次是加强区分明暗关系，并在此基础上增添色彩关系，最后是细节（质感、纹理等）的刻画和画面的塑造。（插图2-1-98）

插图 2-1-98，向俊，上色需要从整体出发，先铺设大关系，再刻画细节

2.2 练习板块二：画面处理的基础练习

2.2.1 课程相关信息

（1）课程内容

选择以建筑为主景的优秀实例图片作为临摹练习的蓝本。通过对图片的临摹，学生在描摹对象、塑造空间的同时，训练并提高其主观处理、把握画面关系的能力。讲解建筑速写的艺术处理手法。在掌握画面基本元素的基础之上，传达绘画主体对画面的黑白、虚实、主次、空间、肌理等诸多要素的独特理解、感受与表达。（插图2-2-1）

（2）训练目的

培养学生对画面的综合处理能力，学会概括、对比、夸张等基本手法，培养较好的画面审美观念和扎实的画面快速塑造能力。（插图2-2-2）

（3）重点和难点

① 重点：

a. 由大及小

作图步骤从大轮廓入手逐步深入，根据画面的整体关系决定细节深入的程度。

b. 主观处理

遵循画面整体原则，强化画面的精彩效果。

c. 深入刻画

多手段、多层次地表现对象，画面统一而富有变化，注重线条的流畅与节奏。（插图2-2-3）

插图 2-2-1，以建筑为主景的实景照片

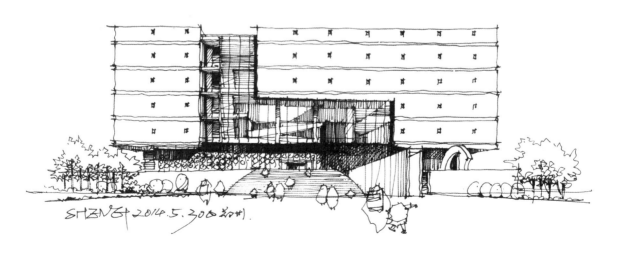

插图 2-2-2，李国胜，培养学生的表现和审美能力

插图 2-2-3，向俊，作图步骤可从大轮廓着手，处理过程中要有主观意识，画面的刻画要深入完整

② 难点

a. 理解物体间的关系

如果不理解图片中所展现的空间结构关系，不熟悉风格样式相关的建筑专业知识，简单地"依葫芦画瓢"，会导致画面中物体与物体之间的关系混淆粘连，交代不清，产生"碎""花""散"的弊病。只有长期关注和积累设计相关知识，才能做到在理解的基础上再现场景。（插图2-2-4）

b. 控制画面整体效果

建筑手绘是以艺术的手法再现空间，需要作者主观归纳，不能面面俱到，顾此失彼。如画面整体观念不强，局部刻画过度，应当在练习过程中下意识地培养画面的综合控制能力。（插图2-2-5）

插图 2-2-4，鲁东东，表现建筑必须要交代清楚建筑的结构关系

插图 2-2-5，祝程远，表现建筑还须控制画面的主次关系和整体效果

2.2.2　示范作品

（1）教师示范作品

庄宇建筑画作品：庄宇是资深建筑师，具有扎实的绘画基本功，作品表现非常严谨、深入，很具代表性，很值得年轻作者学习。（插图2-2-6、插图2-2-7）

李国胜现代建筑系列作品：李国胜为河南绘聚文化公司的创始人之一，是一位执着、有才华的年轻作者，长期身处手绘教学一线，具有丰富的教学与实践经验，其作品深受年轻学子的喜爱，是建筑、环艺设计专业学生学习建筑画的最好范本之一。（插图2-2-8、插图2-2-9）

对于建筑、环艺专业的学生来讲，在学习建筑速写的过程中，描摹图片是不可缺少的一个环节，图片可以让学生有更多的时间去分析和思考，图片也让学生更容易把握建筑透视和比例以及更深入地刻画。李国胜的这一系列作品正是在这一环节的教学中给学生做的示范作品，画面透视准确、构图得当，注重表达建筑的结构和细节。通过线条的排列、交织来表现场景的明暗和空间关系，作品刻画得非常深入、完整，是在描摹图片这一阶段学习建筑速写的优秀示范作品。

插图 2-2-7，庄宇，画面刻画得非常深入，整体感极强

插图 2-2-8，庄宇，局部多处采用对比手法，拉开了场景的空间关系

插图 2-2-6，李国胜，建筑和配景植物形成多重对比，凸显了建筑

插图 2-2-9，李国胜，画面边缘采用留白的方法也是建筑速写最常见的处理手法，但须做到正负形的和谐统一

（2）学生优秀作业

周锦绣和唐文静在学生时代都是较为优秀的学生，平时能够认真对待每一张作业，作品注重建筑结构及体积感的塑造，画面刻画深入，注重细节的表达又不失整体感。周锦绣通过线条的灵活排列和线面的合理组织，将场景中每个对象的材质肌理充分展示，细腻地刻画出层次的微小变化。丰富的信息量使得她的画面往往能呈现较为饱满的情绪和较重的分量感。唐文静的用笔干净利索，对块块关系的精准刻画使画面呈现概括而清晰的层次感。对物体质感的点缀式塑造为严谨理性的场景关系增添了一分生气，也使得画面从容大气而不失生动细腻。（插图2-2-10、插图2-2-11、插图2-2-12、插图2-2-13）

插图 2-2-10，周锦绣，画面刻画深入，注重细节的表达

插图 2-2-11，周锦绣，画面表现得非常严谨，通过线条的勾画、排列、交织表达空间关系

插图 2-2-12，唐文静，建筑结构严谨，画面主次关系明确，通过对比等处理手法，使画面具有一定的艺术性

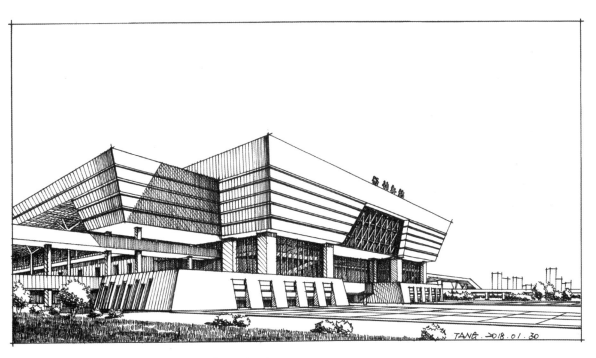

插图 2-2-13，唐文静，以较少的明暗清晰地表达建筑的形体及空间关系

（3）课程拓展

① 优秀作者及作品

耿庆雷（山东理工大学美术学院教授，出版过《建筑钢笔速写技法》等相关书籍数本，作品兼具实用性和艺术性，关注度较高）（插图2-2-14、插图2-2-15）

潘玉琨（建筑师，已退休，喜欢钢笔建筑手绘，几十年如一日，是建筑师画手绘的代表人物之一，作品具有鲜明的个人特点，很值得当代学生参考和学习）（插图2-2-16、插图2-2-17）

插图 2-2-14，耿庆雷表现的乡村建筑之一

插图 2-2-15，耿庆雷表现的乡村建筑之二

插图 2-2-16，潘玉琨表现的城市景观

插图 2-2-17，潘玉琨表现的城市建筑

2.2.3　绘画原理和表现技巧

（1）透视与空间

② 推荐网站及相关书目

a．相关微信公众号

"手绘家"是专门介绍手绘相关内容的公众号，除了推送设计手绘内容之外，也会定期推送建筑速写的内容，其中有很多内容值得参考和学习。

"手绘ART"与"手绘家"有相似之处，但内容不完全相同，其中的建筑速写内容值得参考，可以关注。

b．相关书目

《钢笔建筑画教程》夏克梁、黄晓菲著（2010年1月，浙江人民美术出版社）、《建筑钢笔速写技法》耿庆雷著（2011年4月，东华大学出版社）

透视与空间的准确表达是营造画面真实感的必要条件和重要基础，是正确地反映各景物在空间场景中的关系的重要手段。如果在手绘中不能将透视关系和空间关系表达准确，那么即使画面中充满着精彩的线条、精致的细节，也无法给人以舒适的视觉感受。任凭作画者拥有再高超的表现技艺，失去了现实感和合理性，这些也都变得毫无意义。反言之，正确合理的透视关系与空间塑造是一张优秀的手绘图（作品）必须具备的条件。因此，在建筑手绘中，必须掌握透视学的基本原理和空间关系表达的基本方式，提高眼睛对空间感和透视感正确与否的判断能力，并能够合理地运用到画面表现中去。

（插图2-2-18）

插图 2-2-18，万丙礼，透视是辅助表现空间关系的最有效方法

① 透视的分类

　　由于城市环境中，建筑与周边环境的关系复杂多样。同时，由于受到作画者的观看视点、角度的影响，透视关系的表达也会呈现出多种可能性。

　　建筑手绘中透视的表现类型主要为一点透视、两点透视、仰角透视和鸟瞰透视。

　　一点透视的使用要求作画者的视线与所画建筑的立面呈90度的夹角关系。所画建筑风景的三组透视线分别为与画幅横边相平行的一组线、与画幅竖边相平行的一组线和经过透视后集中于画幅中的某一点的一组线。例如强调纵深感的建筑街景的手绘表现图，常常使用的就是一点透视的原理。两点透视的运用要求作画者的视线与所画建筑的立面呈小于90度的夹角关系，所画建筑风景的三组透视线分别为与画幅竖边相平行的一组线、经过透视后集中于画幅左侧外视平线上某一点的一组线和经过透视后集中于画幅右侧外视平线上某一点的一组线。两点透视在建筑手绘中应用得较多。为了强化建筑的三维空间和形象特点，创作者常常选择可以表现建筑物两个立面效果的角度来作画。他所使用的便是两点透视的原理。仰角透视的运用要求作画者的视线与所画建筑的距离较近，同时建筑物较为高大，由此易使视线与建筑场景间产生仰视的角度关系。在一点透视和两点透

视的基础上，建筑物的竖向轮廓延长线集中于画幅上方外的某一点，于是产生第三个方向的透视。在实际速写中，只有在主体建筑物特别高大雄伟、视距又较近的情况下才会运用到该透视方式。鸟瞰透视的运用要求作画者的视线高于所画的建筑场景，人的视线处于俯瞰的状态。一般是作画者站在地势较高的位置，描绘地势较低处的场景。它所包含的范围较大，常适用于表现较为庞大的建筑风景面貌。（插图2-2-19、插图2-2-20、插图2-2-21）

插图 2-2-19，夏克梁，一点透视多用于室内，室外相对用得较少，运用恰当也很能出彩

插图 2-2-21，万丙礼，鸟瞰透视常运用于表现城市的全貌

插图 2-2-20，万丙礼，两点透视是建筑速写中运用最多的一种透视，能使建筑表现得更加立体

② 常规把握方法

在实地的写生中，由于受到时间、环境和气候变化等条件的限制，既不可能让创作者有充裕的时间，利用透视学的方法科学地求出透视关系，也不可能做到所画的每一条线都能严格地符合透视的规律。因此，在透视原理的运用中主要把握两项原则，其一是近大远小的原则，其二是不平行画面的横向线延长集中于消失点的原则。这样，我们就能够保持大体透视关系的准确而避免失误，并能够根据实际场景把握视点的位置及透视感的强弱。对于手绘而言，只要做到主体建筑物在大体轮廓和比例关系上的透视基本符合透视作图的原理，使人产生视觉的舒适感即可。至于细节部分的刻画，多数是靠经验来加以判断和拿捏的。因此，在建筑写生中，运用透视经验和视觉感受来确定画面的透视关系是其显著的特点。对于初学者而言，培养从视觉层面快速把握透视关系的能力，积累透视表现的经验是很有必要的。（插图2-2-22、插图2-2-23）

在透视关系塑造正确的基础之上，需要对画面的空间进行塑造，对各景物的空间关系进行区分。画面空间的表现主要是塑造场景的立体感和层次感，须将场景的宽度和纵深度、各部分的尺度关系及位置关系表达清楚。首先就整体的空间关系而言，确定空间的宽度和纵深度是界定场景范围的重要步骤，须在落笔之初便加以考虑和确定，也可结合作画者的主观意图适度地扩大或是缩小，以符合画面所追求的气氛和意境。其次，对组成画面的各部分内容的位置关系须加以确定和区别，如物体的左右关系，前后关系，遮挡与显露的关系，等等。位置关系的区分可通过多种形式和途径来实现，既可通过线条的粗细、轻重关系来表现，也可通过色块的轻重、冷暖关系来表现；既可利用透视的原理来表现，也可利用阴影的投射关系来表现。作画者可依据画面的表现风格和手段来选择适合的处理手法。再次，画面各部分的空间尺度也需要准确地展现，各种高低错落的关系应生动而客观地反映到画面中去，通过对比使空间层次感变得丰富。就单体的空间关系而言，组成画面的每个局部也都有其不同的空间关系，需要在表现中根据主次关系的不同分别予以处理。某些主要的部分加以增强，将各组成界面的关系交代清楚；某些次要的部分则需要弱化，简单的一些线甚至于寥寥数笔带过即可。上述方式可以将画面空间的立体感和层次感有效地营造出来，使空间变得浑厚而丰富，且不失条理性和秩序感。（插图2-2-24、插图2-2-25）

插图 2-2-22，向俊，在掌握透视原理的基础之上，再通过大量的实践，才能在日常的速写中把握住透视的大关系

插图 2-2-23，向俊，透视是建筑速写的基础，必须要熟练掌握

插图 2-2-24，向俊，除了透视外，塑造也是空间表现的重要因素

插图 2-2-25，向俊，除了透视外，光影也是空间表现的主要方法

（2）明暗与光影

画面塑造中，根据明暗和光影刻画强弱程度的不同，可分为线描结构法、线面结合法和明暗表现法。

① 忘掉光影（线描结构法）

这类塑造手法侧重于对建筑环境形态的线性化描绘，主要用于展现对象的外部轮廓、组织结构、装饰工艺等方面的美感，表现形式以单线为主。它有助于绘画者全面地认识、理解建筑。（插图2-2-26）

插图 2-2-26，李明同，这类方法常以钢笔、签字笔为工具，清晰表达建筑的形体和结构线

插图 2-2-27，陈世康，线描画法，不要被光影所干扰

线描结构法刻意省略光影关系的描绘，强调对建筑结构的准确理解和严谨表达。创作者在落笔前必须对对象形态结构、装饰特点等做到全面的分析。这对线条的运用也提出了较高的要求。线条本身需要准确、有力，每一根都尽可能要将对象的内与外、整体和局部等关系表现到位，使其在画面中都能起到应有的作用。

尽管这类画法偏重于科学性、客观性的表达，但在实际表现中，仍然不能忽视对画面节奏关系的处理。在保证画面关系准确性的基础上，线条的疏密、松紧、曲直、长短、快慢等特点仍要合理地加以表达，使画面不同于建筑制图，不只是一味地平铺直叙，而保持应有的"画味"。（插图2-2-27、插图2-2-28）

插图 2-2-28，陆盈睿，线描方法可以严谨准确、潇洒奔放，也可以质朴平实，追求拙朴的味道

② 点缀光影（线面结合法）

这种表现手法常以线描为主，将明暗、光影关系以点缀的方式，轻度地加入主要的结构界面中，使画面的层次关系得到适度的丰富。相比于纯粹的线描画法，这种线面结合的方式对界面、空间的描绘会更为清晰和深入，立体感和丰富性也有所加强。

在使用线面结合法时，仍然需要牢固地树立准确的结构意识。面的塑造应注意程度的把握，抓住主要界面的交接、转折部位适当地排线，以简明、粗略的疏密渐变关系表达明暗光影的空间变化效果。面的塑造无须面面俱到，能做到将基本界面区分清楚、主次关系拉开即可。同时，围绕所设定的视觉中心，明暗层次上可适当加强，使视觉层级变化更为细腻多样。（插图2-2-29、插图2-2-30）

③ 强调光影（明暗表现法）

明暗表现法类似于传统光影类素描的画法，主要用以表现建筑类对象在光照射下形成的明暗层次变化，并通过光影关系的深入描绘，塑造形态立体、空间关系强烈、氛围感浓厚的场景效果。细腻、厚重的画面质地是其主要特点。

插图 2-2-30，李明同，线条简单勾画建筑的轮廓和结构，明暗辅助表现材质的质感和空间

运用明暗表现法时，画面主要以排线的方式塑造层次。线条的排列组织、密度变化都需要精心研究，尤其是光影的明暗变化。绘画者应将光影关系作为塑造的重点，紧紧围绕对象的本体结构及组合构架，从明度、渐变层级、形态变化等多方面入手，建立清晰有序的节奏关系，突出画面的视觉冲击力。（插图2-2-31、插图2-2-32）

插图 2-2-31，韩子明，钢笔明暗画法往往通过线条的排列或叠加形成明暗层次关系

插图 2-2-29，夏克梁，以线为主，明暗略做点缀的作品

插图 2-2-32，毛耀军，明暗画法也可通过水墨的渲染来辅助表现空间的明暗层次关系

（3）构图方法及要点

　　构图是将客观事物转换为画面布局的重要步骤。建筑手绘的构图过程，不是对所选定对象简单而机械地搬抄和复制。每一幅手绘作品都离不开作者对画面所要呈现的整体形象的思考。合理组织构图可以增强建筑风景的画面视觉冲击力，影响到观者对客观对象的审美和价值判断。因此，构图的过程渗透的是创作者的构思，是其发现主题、组织元素并构建形态的思维过程。其中既须尊重现实之景，以它作为基础，也要加入创作者的主观处理，以增强画面的表现力和完整性。（插图2-2-33、插图2-2-34）

插图 2-2-33，向俊，构图即画面经营，对画面各要素进行合理、有序的安排

插图 2-2-34，向俊，均衡、体量和节奏是构图的三要素

① 均衡

构图应使画面的布局均衡。所谓均衡，即指画面内容有重点、有重心，各图形元素的组合能形成相对的稳定感和平衡性。中国山水画关于构图，自古就有"既要平正，须得险绝"的说法。"正"就是指均衡，刚刚好，有安定感。山水画大师黄宾虹则从中国书法、绘画中得出构图规律的奥秘是不等边三角形，这实际上就是变化统一的规律。无论何种形式的构图，都要努力使画面呈现出均衡感。（插图2-2-35、插图2-2-36）

构图的常用原则是"似奇反正"。构图要极尽变化，大胆组织图像结构，但又要求稳定、沉着。一味求奇会缺乏稳定的感觉，要正中见奇，奇中见正，两条线并行，矛盾中求统一。一般而言，主体建筑不能完全居中放置，须略微偏到侧边一些，但又不宜过偏，仍要使整个画面有平衡感。在建筑速写中，建筑的分量占比一般是最大的，因此体量上也要有所控制，不能顶天立地，也不能过于退避。配景位于主体两侧，体量也应大致相当。远离建筑的一侧，内容安排可略多一些，靠近的那侧可略少一些，在画面中和建筑构成整体的分量平衡。（插图2-2-37）

插图 2-2-35，万丙礼，政府办公大楼，采用对称式的构图，显得很庄重，但在处理上须考虑虚实的对比，避免画面呆板

插图 2-2-37，陈世康，右下角大面积的空白，使画面的构图显得非常独特，左下角的大门是保证画面平衡感的重要因素

插图 2-2-36，万丙礼，画面中左边的"瘦高"建筑与右边的"矮胖"建筑可起到呼应关系又能达到视觉上的平衡

② 体量

由于建筑手绘不可避免地涉及建筑单体，因此把握好画面中建筑本身以及建筑与周边环境之间的尺度关系是练习的重点，也是初学者比较容易忽略的环节。恰当的体量表达能够准确还原场所的尺度感和空间感，为观者营造恰如其分的场所感。

体量的表达关键在于对建筑尺度、空间尺度的把握。只有养成平时多关注身边各种尺寸的习惯，才能培养良好的尺度感，在徒手表现时做到胸有成竹。（插图2-2-38）

插图 2-2-39，祝程远，主景位置安排得当，色彩醒目，刻画相对深入，使画面主次有序、节奏分明

插图 2-2-38，向俊，建筑体量的大小直接影响到画面的构图、主次关系及场所的真实感等

天际线往往也是初学者比较容易忽视的构图技巧。画面中，建筑主体与植物配景或主体建筑和配景建筑之间所构成的天际线应如同乐章中的前奏与高潮，具有明显而清晰的节奏变化，韵律丰富。反之，则沉冗拖沓，单调平淡。（插图2-2-40）

插图 2-2-40，万丙礼，天际线的处理既要考虑到它的整体性，又要考虑到它的起伏变化

③ 节奏

构图应做到节奏分明，使画面中的节奏关系清晰得当。主景元素和次景元素间应建立呼应关系，如远近、大小、高低、虚实等关系，也可从视觉层次上将其安排为近景、中景和远景的组合，中景部分常成为表现的主体，使画面节奏感强，真实生动。构图要善于穿插，强调纵深感，不要平铺对垒。利用中景，让画面能透进去，往空间的深处发展。（插图2-2-39）

（4）主次关系的塑造

艺术品作为一个审美整体，它的各个组成部分的地位，绝不是相互等同、平分秋色的，而是存在着主与宾相关相依、互为协调的美学关系。元代的《画论》中说："画有宾主，不可使宾胜主。"正如音乐有主旋律，戏剧有主角一样，绘画构图需要有中心或主体。在建筑手绘临摹练习中，涉及的表现对象较多，我们常常需要根据画面的内容及各部分所占面积比例来判断主次

关系，主景突出，客景烘托，进而避免不分主次的平铺
直叙。一般而言，体量占比较大、所处位置较为中心的
建筑物都会被视作画面的重点来处理，其他配景部分则
做相对次要的刻画，以使得画面焦点突出，视觉凝聚力
更强。（插图2-2-41）

插图 2-2-42，夏克梁，表现各物体的线条和处理略有不同，在画面中便自
然拉开主次关系

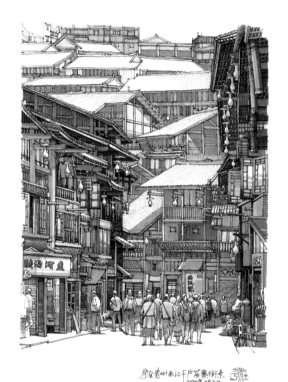

插图 2-2-41，庄宇，近处建筑色彩丰富，刻画较为深入，远景建筑相对简
单概括，形成较为强烈的视觉反差，使画面焦点突出、主次分明

② 繁与简的合理安排

　　通过塑造程度的不同来区分画面主次关系，也是较
为常用的处理方法。主体物需要刻画的内容较多，在细
节的表现上应做到繁而不乱，抓住视线较为集中的区域
重点描绘，内容要多，对特征鲜明的形体表现更要笔笔
到位，可有选择地在部分关键转折面配上明暗，强化力
度。周边部分可适当减少笔墨，但仍要对细部形态的展
现给予一定程度的重视，通过合理搭配使总体展现出丰
厚、细腻的效果。次要物体形体关系也须勾画到位，但
在细节上无须面面俱到，以略微简化的形式点明即可。
这种繁与简的对比强调的是相对性，简也是相对于繁而
言，所以也应控制好程度，以免在画面关系上形成脱
节。（插图2-2-43）

① 线条的处理

　　对主次物体采用不同的线条表现处理方式是区分主
次关系的方法之一。用于描绘主体物的线条须做到稳得
住，有较为清晰的起顿节奏，每根线都要收得住，收中
又能带放，严谨而不失张力，扎实呈现物体的轮廓和结
构。次要物体的线条相比于主体可适当松弛，可适度增
加灵活性，用线速度可加快些，松而不散，追求简练、
明了的表现效果。两种用线方式传达的视觉感受不同，
主次效果便能从画面中自然地生成。（插图2-2-42）

插图 2-2-43，顾琦，在主次关系的处理中，对主要物体进行深入细致的刻
画，对次要物体做概括简单的处理和安排。

（5）空间层次的塑造

空间层次的塑造是一种处理画面关系的能力训练。它既要考虑单个物体的空间关系表达，也要顾及画面整体空间层级的安排，是衔接独立个体塑造与画面整体关系处理两个阶段不可或缺的环节。从局部的前后空间区分，到全局空间节奏的形成，都需要借助合理的表现技巧来实现。层次问题解决了，画面才能深厚。初学时宁过之，勿不及，画够了再加层次。（插图2-2-44）

插图 2-2-45，夏克梁，物体与物体之间的关系依靠明暗的对比相互衬托

插图 2-2-44，万丙礼，通过透视和光影的运用，画面具有较强的空间层次感

① 物体间的相互衬托

处理物体和物体之间的关系实质上就是利用物体彼此之间的黑白、疏密反差相互衬托，调出物体间的空间层次关系，尤其注意要在交界线处做文章，略加强调地区分。该手法不能简单地理解为黑白的机械式拼贴，实际应用中应当合理运用技巧，有意识地强调空间感，使前后关系的区分显得自然而不生硬，巧妙地将画面中心有效突出。常规表现时，以"前白后黑、以黑衬白"为原则，依靠线条的排列处理形成重色块，在物体交叠的轮廓线边缘勾勒出前后关系。黑色块不可沿边缘线平均地布置，也要注意物体的形体起伏，局部压深，勾出清晰的边沿，再沿形体转折趋势逐步减少、疏松笔触，让色块密实度减弱，并逐步淡化处理边缘线，以符合客观规律的变化，从而使衬与被衬的关系衔接得流畅得体。处理远近物体时要服从对象和画面本身的需要，让科学规律服从艺术规律，使科学原理有效地为艺术表现服务，不要因拘谨恪守科学规律而减损画面的艺术性。（插图2-2-45、插图2-2-46、插图2-2-47）

插图 2-2-46，向俊，空间处理首先要考虑的是大关系的对比关系，其次再需要注意的是物体间及细节的相互衬托关系

插图 2-2-47，向俊，色彩表现同样需要建立在物体间明暗的相互衬托基础之上，才能更好地表现空间

② 空间的节奏营造

画面要形成丰富的空间层次，展示出层层交叠的景深效果，就需要有意识地控制好节奏。节奏的营造除了让画面效果变得更为细腻之外，最主要的任务还是要将场景的宽度和纵深度、各部分的尺度关系及位置关系表达清楚。首先，就整体的空间关系而言，确定空间的宽度和纵深度是界定场景范围的重要步骤，须在落笔之初便加以考虑和确定，也可结合创作者的主观意图适度地扩大或是缩小，以符合画面所追求的气氛和意境。其次，对组成画面的各部分内容的位置关系须加以确定和区别，如物体的左右关系、前后关系、遮挡与显露的关系等，每一层关系都要理清。在此基础上，通过合理安排画面的黑白轻重对比，将每件物体的空间关系落到准确的位置。（插图2-2-48）

板，将画面内空间的立体感和节奏感有效地营造出来，体现出逐步退远的感觉，使空间在浑厚之余，又不失条理性和秩序感。（插图2-2-49）

插图 2-2-49，夏克梁，画面处理中只要存在线条的疏密对比，也就自然形成空间的节奏感

插图 2-2-48，夏克梁，具有节奏感的画面往往更具空间层次感

（6）整体感的营造

整体感是任何绘画形式共通的灵魂，是画面的第一要务。它是画面中各个部分视觉关系的总和，是由每个细节共同构建起统一、协调的全局效果。整体感的营造要求在作画时必须控制好局部与整体的关系，局部要服从整体，不能脱离画面关系孤立存在。（插图2-2-50）

就常规而言，中心区域对比强，边缘区域对比弱；前景部分对比强，远景部分对比弱。在空间层级较多时，强和弱分别还须加以细分，区分出不同程度的强和不同轻重的弱，让空间节奏变得更加饱满，层次不断细化。在强弱的对比上，需要按照一定的逻辑关系来安排，形成有序的渐变。除了空间位置外，对主次关系也应综合考虑，在轻重层次处理中一并给予表达。用作配景的植物等元素，在处理上要介于具体和模糊之间。往往突出其中的几项元素，会产生既生动又回味无尽的效果。在表现手法方面，应该融合于画面某种统一的表现风格之中，但又侧重于充分利用丰富、细腻的线条拉开物体的空间关系，做到"虚"而不空洞，"实"却不呆

插图 2-2-50，李国胜，画面中的任何一个物体都是不可或缺的一部分，不能脱离画面关系而孤立存在

① 表现手法的统一

表现手法的一致性是整体感最直接的体现。无论是纯勾线式还是勾线结合明暗式，画面自始至终要在统一的基调控制下形成完整的观感。它要求创作者在开始时就对表现风格有所考虑，确定好表现手法，在刻画每件物体时能做到笔法贯穿、一以贯之。尽管在塑造的程度上会有所不同，但线条（明暗）的技法使用须基本相同，以一定的规律出现在画面的各个部分，不宜形成较为明显的反差，造成各个局部的脱节，从而影响整体感的营造。（插图2-2-51）

② 画面各项关系的综合控制

合理控制好每一部分的关系，让每一个局部都能整合成系统，形成凝聚感，而非各自游离在外，这是构建整体性的基本原则。为了把握整体，绘画时眼睛要做全局性扫视，从视觉中心关注到边边角角，时刻去协调各项关系，决不能死盯一处、单一化用力。随着刻画的逐步深入，各项关系也在不断变化，也应随时做出相应的调整，要整体地画、整体地加，确保所有的细部层次同步推进。（插图2-2-52）

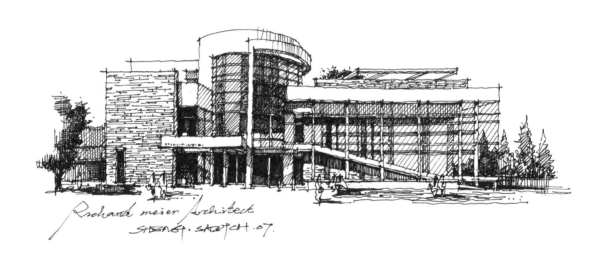

插图 2-2-51，李国胜，表现手法的统一是构成整体感的重要原因之一

插图 2-2-52，李国胜，整体由每一个局部和细节所构成，处理并控制好局部是构建整体性的基本原则

（7）艺术处理手法的运用

画面的艺术处理手法又被称为"意匠"。杜甫讲的"意匠惨淡经营中"，齐白石的一方图章"老齐手段"，谈的都是对作品的艺术处理。速写不同于摄影，主观的能动处理对画面效果起着至关重要的影响。一幅匠心独运的作品能将鲜活的生命力展现出来，引导观者的思想在很短时间内进入画面，并以强烈而独特的氛围感染他们的情绪。绘画者的情感也能借助艺术手法流露出来，被观者所接收并与之产生共鸣。（插图2-2-53）

插图 2-2-53，万丙礼，经过艺术处理的画面总是更能够打动人

① 概括

在写生过程中，我们常常遇到结构、纹理较为复杂的对象，比如枝叶繁茂的大树或是叶片、花朵数量繁多的地被灌木，反射到建筑外墙玻璃上的自然景色或是阳光下复杂的光影变化。这些内容都无法在较短时间内表现得面面俱到。同时，为防止因控制能力不足而使画面变得"花、碎、平"，对它们也不宜做过于精细化的勾勒。因此，以概括的艺术处理手法去塑造此类内容就显得尤为必要。创作者要通过理解物体的生长关系，以整体性为原则，透过繁杂的表象对物体特征进行提炼，抓住最能反映其本质关系的部分着重刻画，以简明扼要的手法展示丰富的图像信息。在此过程中，应注意笔触的合理运用，在表达形体关系的同时也表现出不同的质地特点，营造一定的氛围。（插图2-2-54）

插图 2-2-54，王向俊，概括是写生的常用手法，大到建筑的框架和结构，小到植物的枝干和叶子，都需要进行概括处理，才能使表现的画面更加整体

② 对比

对比在画面中常常表现为变化和反差。它不仅能使画面的秩序感和层次感清晰地呈现出来，而且能够提升画面的视觉冲击力，使场景富有感染力。反之，缺乏必要的对比，画面就会显得既不客观也不立体，变得毫无生气。在建筑速写中，既有整体的对比，也有局部的对比。画面中常见的对比主要包括线条的对比、块面的对比和色彩的对比。（插图2-2-55）

插图 2-2-56，陈世康，对比使画面的视觉中心更突出

块面的对比主要表现为黑白对比。黑白对比一是表现为光影作用下的明暗关系。它是对自然光照效果的客观反映，使物体的界面关系能够清晰地区分，让景物更具真实感。写生中应注意近处景物的明暗对比强烈，须拉大受光面和背光面的反差；远处景物的明暗对比较弱，亮面与暗面关系可处理得较为接近。黑白对比二是表现为深浅层次对比。它将不同深浅的色块在画面中进行合理地分布，形成黑、白、灰三个基本层级，通过黑白之间的相互衬托，使视觉在统一而又充满对比的色块关系中获得秩序感和条理性。它也能使画面产生均衡感和分量感，不会显得单薄轻飘、苍白无力。在速写的实际运用中，初学者可将近景处理为浅色块，形成画面中的"白"；中景的内容丰富，形成画面中层次最为丰富的"灰"；远景概括为"黑"色块，以突出前景部分。在局部块面的处理中，可将面积较大的处理为白色块，面积较小的处理为黑色块，从而形成明快简洁的对比效果。（插图2-2-57）

插图 2-2-55，陈世康，画面中所有对比关系都建立在线条组织的疏和密的基础之上

线条的对比关系主要表现为虚实对比、粗细对比、动静对比、繁简对比和疏密对比。虚实对比主要用于处理画面中景物的空间关系和主次关系。粗细对比主要表现为画面中各种不同宽度线型的构成关系，一般主体物的轮廓须以较粗的线型来描绘，配景则可以较细的线条来表现。动静对比因落笔速度的快慢不同而形成，它使画面显得松紧得宜，张弛有度。繁简对比使画面的视觉中心突出，避免了平均感和散乱感。疏密对比是通过画面中线条组合的疏密关系拉开层次，突出条理性。（插图2-2-56）

插图 2-2-57，毛耀军，块面对比强化了画面中的光影关系

③ 夸张

夸张是真实、鲜明、有力地表现对象的手段，是深刻认识对象的结果，也是人情感的强烈表现。夸张要根据对象和要求适度地运用。不同的建筑都有其个性，要根据对象特点、沿着对象本质夸张，才能赋予对象鲜明的性格特色。画面的重点必须牢牢把握，特点必须夸张，否则画面便会平淡。为此，在写生或创作中可去掉不必要的，把需要的强调出来，刻意突出某些景物的视觉形态，竭力描绘自己最感兴趣的、最主要的东西，下大笔墨表现最能突显效果的部分。同时也要避免面面俱到，应有尽有。这样不但能有效地克服画面中的平均感，使场景关系变得更为丰富，从视觉上增加层级感，也能使各形体、块面之间变得更为紧凑，提升视觉张力，并可能使作品呈现出戏剧化的效果，达到引人入胜、打动人心的效果。（插图2-2-58）

插图 2-2-58，邓攀，采用夸张的手法，强化了城市的特征和观者的视觉印象

2.2.4 案例

（1）单色表现

① 表现方法

钢笔表现是单色表现中最具有代表性的，它摒弃了色彩对画面的影响，而单纯依赖整洁、坚硬、明确、流畅的线条进行空间表现，诠释建筑语言。因此，线条在画面的布局关系中显得尤为重要。钢笔建筑手绘的绘画主题既有城市景色，又有乡村风光，画家可以运用各种各样的技法来捕捉不同主体的特点。利用线条再现材料的风貌，充分展示其刻画石材、砖材、云彩和草地方面的功底，画面中交叉线条、叠加线条的运用也是其特色。处理场面浩大的风景画时，需要控制好建筑与画面的比例关系，合理地将观者的视线从近景引向远景的建筑。画面的每一个细部都可以刻画仔细，但要以不影响画面整体的轻松感和开阔感为原则。建筑与植物是不同质感的对象，用线时前者宜硬朗、干脆，尺度感强烈；后者则多用曲线、折线和颤线，注重植物的组团层次和外观造型，线条变化丰富。（插图2-2-59）

炭笔、铅笔建筑手绘是非常独特而富有感染力的表现语言，许多著名建筑师对这种绘画表现手法尤其偏爱，常常用来记录生活场景，表达他们的设计思想。俄罗斯圣彼得堡列宾美术学院将风景手绘列为其美术教育素描教学的重要组成部分。19世纪后半叶，俄罗斯许多伟大的艺术家把写生与速写当成艺术创作的重要部分。其中，炭笔铅笔创作的作品占很大比例。无论是建筑师的设计草图、设计表现图，还是场景写生，炭笔、铅笔都可以使建筑场景比任何线条画或模型都更具有真实感，更能体现创作者的艺术气质。有时，绘画的气氛烘托比描绘几何形体或理性的秩序更具有吸引力。通常，这类创作用时在10分钟左右，画面所带来的空气感和对场景对象性格特征的描绘是这种松软的绘画材料独有的魅力。普通的铅笔则因有着很丰富的层次感而用于小幅速写作品。（插图2-2-60、插图2-2-61）

插图 2-2-60，刘开海，铅笔是很多建筑师画手绘喜欢选用的工具

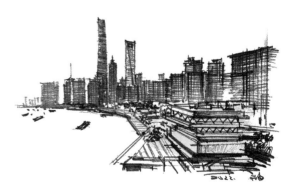

插图 2-2-59，白有志，钢笔是单色表现中最具代表性的工具

插图 2-2-61，刘开海，铅笔的表现力很强，且容易掌握，适合初学者选用

② 表现步骤

a. 表现对象的合理选择

一幅好的建筑风景照片不但能给予初学者构图方面的示范与启迪，也能提供清晰的画面关系（空间、形体、光影关系等），方便其观察和把握，在无形中为初学者提供了帮助，成为可供分析研究的典型案例。因此，临摹照片的选择必须仔细谨慎，并需要借助一定的标准来选出合适的对象。（插图2-2-62）

选图标准：

练习初始阶段，所选图片中的内容不宜过于复杂，数量不宜多。主体建筑应确保占有较为主要的视觉面积，建筑形态简练、体块感强，能呈现较为稳定美观的视觉效果。配景宜简洁，能搭配出基本的近、中、远三层空间关系即可，植物种类也以常规的为主。在构图选择上能注意均衡和变化，稳重而不呆板，天空和地面的位置都有适当的空间余留。此外，图片的层次关系必须清晰，受光面须占较大比例，各物体空间位置清楚可辨，避免选择阴影面积过大、物体形态含混的对象。在

手绘水平达到一定程度后，所选图片的复杂度可有所提高。主体建筑可选择个性特征突出、形态结构穿插繁复的类型，配景植物的特色感也可同步加强，天空和地面也可加入丰富的内容，以形成相辅相成的效果。构图与层次方面的要求不变。（插图2-2-63、插图2-2-64、插图2-2-65、插图2-2-66）

插图 2-2-62，夏克梁，练习初始阶段，选择的图片内容尽量简单，主体内容明了

插图 2-2-63，手绘图

插图 2-2-65，户外真实场景

插图 2-2-66，夏克梁，练习到一定程度后可逐渐提高内容的复杂度

表现范围:

在练习时,选好图片中的内容不一定都需要完整无缺地入画。每人可根据自身的技法掌握程度选择相应的表现范围。在不影响基本构图关系的原则下可对临摹图片做适当裁剪,保留主要景物间的基本关系,减弱配景的干扰,从而降低表现难度,使画面更易控制。(插图2-2-67、插图2-2-68)

插图 2-2-67,户外真实场景

插图 2-2-68,夏克梁,因为选择的图片不可能完美无缺,所以表现时可做适当的主观处理

b．各景物间关系的分析

选出了合适的图片，在动笔勾画之前，需要对即将表现的对象做一次较为全面的分析，从宏观到微观梳理各项关系，使创作者对预计的效果形成清晰的概念和完整成熟的判断，在正式落笔时能胸有成竹，提高一步到位率，避免后期反复修改。（插图2-2-69）

主次关系：

画面的主次关系必须明确，这样表现时才能有所侧重，有助于创作者在较短的时间内合理地分配精力，牢牢抓住核心，将画面的精彩部分强调出来。（插图2-2-70）

空间关系：

每个景物在空间中的相对位置必须分辨清楚，哪些平行而立，哪些前后交错，在分析时不能有任何含糊。即使有些空间层次极为微小，也要有所辨析。当所有物体的空间秩序在绘画者头脑中形成系统后，内容再多、交叠关系再复杂也能一一理清，进而在清晰的空间脉络中构建细腻丰富的层次。（插图2-2-71）

插图 2-2-69，万丙礼，面对景物，我们需要做全面的分析，厘清各元素相互间的关系，并适当进行取舍和主观处理

插图 2-2-70，万丙礼，左边的主体建筑在画面中占有一定的面积，其他次要建筑相对较小，明确了画面的主次关系

插图 2-2-71，蔡靓，只要景物在空间中的位置安排得当，再根据透视原理及明暗规律便很容易表现出建筑和场景的空间关系

c．画面塑造的基本顺序

在选图与分析完成后，便正式进入速写实践阶段。它要求速度和质量兼顾，下笔既要快，也要准，要有目的地画每一条线和每一笔色彩，让每根线条或每笔色彩包含一定的信息量，有针对性地解决问题。画面的各项关系要迅速到位，细部塑造和整体关系控制可以递进式开展。要达到这一目标，除了必要的练习强度外，掌握科学的表现步骤也尤为必要。（插图2-2-72）

整体把握：

由于初学者在把握组合场景时常会存在一步到位难的问题，再加上常用的手绘工具如钢笔、一次性针管笔等在落笔后都不易修改，因此，它要求创作者具备熟练的画面掌控能力。所以在练习之初，为提高线条的准确性，可用铅笔先简洁、快速地勾出各景物的基本轮廓和位置，确定基本无误后再用钢笔赋以正稿。在铅笔简稿阶段，就应将前期分析、梳理好的景物关系大体反映出来，正稿的描绘在遵循上述关系的基础上再做进一步细化，将形体、空间等一一落实于纸面，使之更具体、更准确、更生动。（插图2-2-73）

插图 2-2-72，万丙礼，学习建筑速写，除了多练之外还有方法与步骤

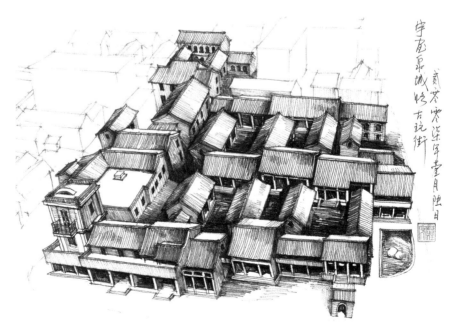

插图 2-2-73，庄宇，练习过程中，在没有把握的情况下可先用铅笔勾画建筑的大致轮廓线，再用钢笔赋以正稿

表现正稿时，用线要快而稳，看准确后迅速落笔勾线，长短曲直都要控制得当。尤其是表现主体建筑，线条的力道要足，结构要紧凑，突出其在场景中的分量感。练习中不必过于追究每个形体的细部塑造，不宜画得过多过花，主要依靠线条的变化组合将画面关系建立起来，能从整体上形成一定的氛围，使画面显现出基本完整、清晰的场景格局。主建筑的黑白关系可适当交待，以较为简略的笔触点到为止。这样也能为后续的深化提供足够的空间。（插图2-2-74）

细部刻画：

在控制了画面布局与建筑大体关系之后，便可进入细节深化阶段，逐步对建筑各个界面作仔细刻画。建筑的门窗造型、装饰构件、材料分割、体块穿插等具体内容都成为需要仔细观察和细致表现的对象。将细节刻画详细，画面才可能清晰地呈现出特有的建筑语境。为了突出主题和重点，有意识地结合光影关系将建筑的内凹面刻画得相对浓重是常用手法。同时也可以最大程度地发挥线条的表现力，疏密得当，避免画面单调乏味。刻画时，尽管需要达到一定的细致程度，但从手绘的角度看，仍应控制好时间，抓住重要的细节形态和重要的界面集中发力，无须达到像一幅精雕细琢的建筑画一样的逼真效果，做到适度的深入即可。（插图2-2-75）

插图 2-2-74，陆盈睿，正稿的勾线要做到稳、准，刻画时要强化主体或视觉中心

插图 2-2-75，陆盈睿，在把握画面大关系的基础之上，需要对画面的细部作适当刻画

配景能够配合建筑传达场所感，深入时也需要有的放矢，注重透视的一致性和场景气氛的整体营造，选择性地把握重点，控制节奏。配景搭配得当，表现得宜，能够使画面体现其完整、真实、生动的风采。在深入过程中需要时时以画面的形式美原则控制整体效果，例如虚实对比、物体与物体之间的衬托关系、黑白对比等都是作画的形式原则。（插图2-2-76）

d. 画面关系的综合处理

本环节是收拾整理画面中各项关系、检视前面阶段存在的问题并做综合调整的过程。这是任何绘画形式不可逾越的重要阶段，也直接影响最终的成图效果。该阶段的把控一般依靠经验的积累，对于初学者而言则可从整体性、合理性和艺术性三方面入手，将作品效果控制到最佳状态。（插图2-2-77）

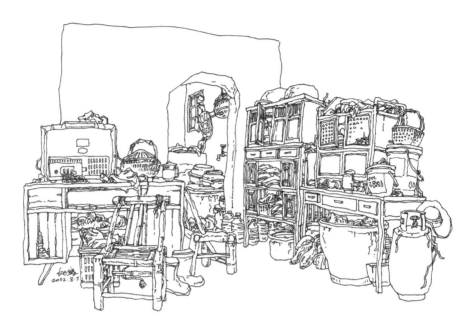

插图 2-2-76，夏克梁，缺少细节刻画的画面将显得平淡和无趣

插图 2-2-77，刘文钢，调整画面的最终效果要从整体性、合理性和艺术性三方面入手

整体性：

一味地关注细节，易使画面琐碎凌乱。当创作者投入塑造时不易察觉，后退观看后较易发现问题。建议创作者隔一会儿半眯起眼睛观看画面，找出不协调的部分，并进行相应的调整。（插图2-2-78）

合理性：

须对画面内容的空间顺序、结构关系、光影投射的合理性进行重点检查。如有不够合理之处，应对照临摹对象做出分析修改，进一步理顺关系。（插图2-2-79）

插图 2-2-78，刘勇，小关系要服从大关系，局部要服从整体，这样才能使表现的画面具有更强的整体性

插图 2-2-79，万丙礼，画面的建筑一定要符合近大远小的透视关系、合理的结构关系以及方向一致的光影关系

艺术性：

如画面整体效果较为平实呆板，可适当加入艺术处理使之活跃。手法的运用也不宜太过突兀，防止造成视觉的分裂，以能达到烘托气氛、提升表现魅力的要求为准。（插图2-2-80）

（2）彩色表现

① 上色方法

如果说钢笔、炭笔铅笔建筑手绘带给观者的是纯粹线条的愉悦感，那么马克笔则能让观者领略到这种工具对质感和光影的强大表现力。马克笔画法可以在钢笔手绘稿的基础上设色，也可以在铅笔草稿之后直接用笔触塑造建筑。这种画法的特点是可以表现深入、刻画细腻，也可以是以高饱和的色彩，寥寥几笔，强调场景在特定光影下的动人状态。绘画效果会因工具的不同而有所差异。马克笔不同于钢笔笔头的纤细坚硬、毛笔的柔软多变，其笔头分为宽头和细头两种，笔触明显，往往会成为画面表现的一部分。宽笔头具有一定宽度，适合用排笔的手法铺压物体块面；细笔头则适合后期重点强调时用。马克笔色彩呈半透明，适合单色或多色反复叠加、覆盖。（插图2-2-81）

插图 2-2-80，邓攀，艺术性是建筑手绘最高的要求，缺少艺术性的画面将显得平淡无趣，具有艺术性的画面则使人心情愉悦、舒畅

插图 2-2-81，向俊，马克笔快速表现手法

彩色铅笔表现也是一种常用的手绘形式，携带便捷，色彩选择余地大，适于快速表现。彩色铅笔表现同样很大程度地依赖钢笔线稿，其风格可以热烈奔放，极具概念性，也可以深入细腻，表现生动，画面可塑性很强。因为其铅笔的线性线条，表现时适合几种色彩穿插、叠加，形成色彩丰富之感。彩色铅笔表现需要借助

彩色铅笔的色彩与线条详细反映物体的色彩，其特点是线条细腻，多以排线呈现，色彩饱和响亮，变化丰富。倘若在刻画细致、以明暗表现为主的钢笔画稿上着色，彩铅则起到辅助的色彩渲染之功效。淡雅、整体、适当表现物体色相是这类画法的特点。（插图2-2-82、插图2-2-83）

插图 2-2-82，夏克梁，彩色铅笔具有较强的可塑性

插图 2-2-83，夏克梁，彩色铅笔可以深入细腻地刻画，容易控制，适宜初学者使用

钢笔淡彩是一种融合了钢笔线稿的严谨理性与水彩的活泼流动特点的表现手法。这种画法忠实地反映建筑结构与装饰特点，能够很好地反映出空间场景的整体面貌以及建筑单体的造型特点。同时，借助水彩特有的笔触能有效拉开画面虚实关系，强调空间距离，帮助表达画面各物体的材质色彩与细腻的光影变化，使人有身临其境之感。通常，钢笔淡彩色调素雅，色彩饱和度低，层次丰富柔和，有助于配合建筑画的主题，传达建筑的理性魅力，也可调动场景气氛，营造富有艺术表现力的特殊效果。（插图2-2-84）

② 表现步骤

以钢笔淡彩手绘为范例：

比较作品和照片可以更好地了解作者作画时的思考过程。选择良好的视角表现出建筑的最佳形态是场景构图的基本前提，但现实中的场景对象在某一角度下所呈现出的画面往往无法满足绘画艺术性的所有要求。画面效果受到很多不可控因素的影响，例如场地植物的生长态势和照明灯具的位置往往会不凑巧地遮挡了画面主体，对建筑的完整呈现起到阻碍作用。这时就需要根据画面形式美原则，通过主观取舍的手法舍弃一些不必要的场景元素，并适当增添或调整部分植物及其在画面中的位置与形态，以期达到配景明确烘托建筑主体的目的。（插图2-2-85）

插图 2-2-85，选择合适的照片为参考依据

插图 2-2-84，向俊，钢笔淡彩中使用的钢笔可以是黑色也可以是有色，建筑结构线可以勾画得非常严谨，也可以是随性，简单示意

在构图合理、线条流畅的钢笔线稿上进行水彩设色。水彩设色的步骤宜由浅至深，逐层递进。首先选择画面处于主体且面积较大的浅色部位着色。考虑到整幅画面的色彩基调和最终的明暗对比强弱均取决于此，需要控制好色相及其明度。天空的表现应当既整体又能够适当突出局部笔触，使画面显得活泼灵动、大胆果断。

着色面积逐步扩大。采用黑白对比手法是塑造画面层次感的方式之一，铺设明度较低的背景植物，将前景

明度有意识地降低可以很好地突出建筑主体，这需要作者具有良好的画面整体掌控能力，做到实时、有效地拉开画面的黑白灰关系。此时，控制画面色调的大关系是重点，不必拘泥于细节刻画。

深入刻画、调整细节。以深水色加深暗部进一步拉开各物体的明暗关系，凸显立体空间效果，最大程度地发挥水彩色彩丰富柔和、衔接自然、富有层次感的特性。（插图2-2-86、插图2-2-87）

插图 2-2-86，向俊，先用钢笔勾画线稿，线稿可以是黑色、棕色或其他颜色

插图 2-2-87，向俊，上色可从整体出发，先铺设大关系，再逐渐深入刻画，最后调整完成

2.3 练习板块三：户外写生的基本方法和要点

2.3.1 课程相关信息

（1）课程内容

该阶段课程以户外实践练习为主。教师课堂讲授建筑实景速写的方法、须携带的主要工具等内容，带领学生实地写生，训练学生由实景到画面的场景转换能力，包括观察、取景、构图、表现手法运用与画面处理。每天一次，现场点评学生作业。（插图2-3-1、插图2-3-2）

（2）训练目的

实景写生是由较单纯的模仿到独立组织的转变阶段，是透视、线条、构图等多项能力的综合练习。通过该阶段的学习，学生能够做到敏锐地观察对象、概括地表现对象、能动地组织画面，并快速熟练地刻画场景，也能够通过写生积累更多的视觉形象符号，有助于今后建筑画（或建筑设计）的创作。（插图2-3-3）

插图 2-3-1，户外现场写生

插图 2-3-2，每天点评作业

插图 2-3-3，宋子良，通过写生可以积累素材，提高绘画能力

（3）重点和难点

① 重点

a. 合理取景

借助于一定的方法，在户外众多的景物中选出合适
的场景进行表现。

b. 合理构图

综合考虑角度、形态等因素，从构图上合理安排，
将各景物放到合适的位置，形成均衡、美观、生动的层
次关系。

c. 高度概括

在较短的时间内表现出丰富的效果，抓住主要部分
简洁概括地作画。（插图2-3-4、插图2-3-5）

插图 2-3-4，户外真实场景

插图 2-3-5，手绘图，夏克梁，写生时要仔细观察，选取合适的角度，再通过概括、对比等艺术手法进行表现和处理

② 难点

a．透视的准确表现

透视不准是实景写生中常见的问题。脱离了参照物，直接将空间实物转换为画面图像时，初学者往往尚未形成空间上的内在理解，不熟悉透视规律，容易导致画面局部失真，形成奇怪的视觉形象，如地面铺装远近一样大小、道路上翻等。（插图2-3-6）

插图2-3-6，宋子良，面对真实场景，透视是最难把握的问题之一

b．合理安排画面主次关系

面对真实场景，作者的眼中充斥着所有物体的细节，避之不及。倘若没有事先安排好画面布局，想好处理的方法，很容易陷入平均的困境，画面"灰"而平淡，无法像交响乐般激昂缓和、节奏跳跃。（插图2-3-7）

2.3.2 示范作品

（1）教师示范作品

耿庆雷民居写生系列作品：耿庆雷为山东理工大学美术学院教授，因教学、工作需要，经常带领学生下乡写生，积累了丰富的写生实践经验。其作品备受广大建筑、环艺设计专业师生关注。

耿庆雷具有环艺设计实践和国画的学科背景，这一民居系列是他在福建桂峰村写生的部分作品，其在写生过程中非常注重表现建筑的结构和空间，在描绘客观场景的同时又具有较强的主观处理意识，画面注重构图的稳定性、透视的准确性、空间的通透性，刻画深入、表现完整、严谨却不失艺术性。作品具有较强的个人面貌特征，并达到了较高的艺术水准。

学生在写生的过程中面对建筑及空间场景，需要通过仔细地观察、耐心地表现、深入地刻画才能逐渐培养起表达建筑结构、空间以及艺术处理画面的意识。耿庆雷的这一系列作品正是户外现场写生的最好典范。（插图2-3-8、插图2-3-9、插图2-3-10、插图2-3-11）

插图 2-3-7，夏沐妍，画面处理时，需要避开平均对待

插图 2-3-8，耿庆雷，画面主次关系明确、刻画深入、表现完整

插图 2-3-9，耿庆雷，近景刻画深入（有很多细节），中景相对简单概括，远景仅为景物的轮廓线

插图 2-3-10，耿庆雷，构图饱满、明暗关系合理得当

插图 2-3-11，耿庆雷，表现时采用明暗对比的手法，使画面形成强烈的光影关系

（2）学生优秀作业

林婕妤民居系列作品：该生为"边走边画"学员。在写生过程中能灵活运用线条，较好地把握建筑的透视和比例，塑造植物的体块和形态，表达场景的空间和层次。画面注重边缘的处理（正负形的处理）和控制，具有一定的艺术性。（插图2-3-12、插图2-3-13）

插图 2-3-12，林婕妤，画面紧凑、整体感较强

插图 2-3-13，林婕妤，虚实关系处理得当，使画面显得轻松、自然，并形成较强的空间感

宁宇航教堂系列作品：该生为"边走边画"学员。在写生的过程中敢于大胆表现，笔下的线条给人以刚健挺拔、浑厚质朴之感，彰显出钢笔独有的语言个性特征。擅于采用虚实对比的手法巧妙地处理建筑繁杂细节的前后空间关系，追求画面的艺术性和整体性。作品具有较强的个人面貌特征。（插图2-3-14、插图2-3-15）

插图 2-3-15，宁宇航，线条结合体块，使画面具有极强的视觉冲击力

插图 2-3-14，宁宇航，线条肯定有力、虚实处理得当，使画面具有空间通透感

（3）课程拓展

① 优秀作者及作品

唐亮（钢笔画家，擅长现场写生，出版过《唐亮钢笔画》等多本建筑速写方面的书籍。作品具有较强的表现力和艺术性，受到业界极大的关注）（插图2-3-16、插图2-3-17、插图2-3-18）

插图 2-3-16，唐亮，其常以美工钢笔为写生工具，运用顿笔、方折的方法将每一根线条深深地烙在纸面上。画面很具有力量感

插图 2-3-17，唐亮，其美工笔表现的线条不但具有粗细变化，而且给人以刚健挺拔、浑厚质朴之感，彰显出独有的语言个性特征

插图 2-3-18，唐亮，线面结合的表现形式虽然常见，但唐亮运用得恰到好处，赋予了钢笔画全新的视觉感受

余工（建筑设计师、钢笔画家、庐山手绘特训营创办人。喜欢现场写生，平时走到哪儿画到哪儿。作品具有极强的个人面貌和特征，在建筑速写领域中独树一帜，备受业界关注）（插图2-3-19、插图2-3-20）

新钢笔画联盟（国内最早的钢笔画社团，聚集了全国数百名钢笔画爱好者。部分作者的作品非常值得关注）

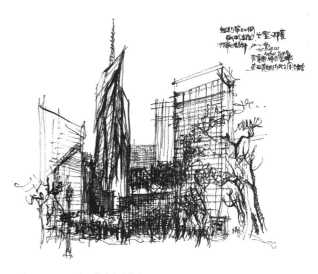

插图 2-3-19，余工的意向建筑之一

插图 2-3-20，余工的意向建筑之二

② 推荐网站及相关书目

a．相关微信公众号

"边走边画"公众号，不定期推送"边走边画"成员及国内一线速写名家的建筑速写原创作品，每一期内容都值得参考和学习。

"当代钢笔画"是由一群喜爱钢笔画的作者主持的公众号，不定期推送国内钢笔画家的创作和写生作品，部分作品值得参考和学习。

b．相关书目

《建筑钢笔画：夏克梁建筑写生体验》夏克梁著（2009年1月，辽宁美术出版社）、《夏克梁建筑风景钢笔速写》夏克梁著（2011年5月，东华大学出版社）、《唐亮钢笔画》唐亮著（2013年7月，中国林业出版社）

2.3.3　绘画原理和表现技巧

（1）取景的原则方法

取景的过程是创作者对客观对象进行认真的筛选，从而确定表现内容的过程。在取景中所选择的场景元素、角度和范围既取决于客观对象固有的排列组合关系，也受到创作者主观意图的影响。（插图2-3-21、插图2-3-22）

插图 2-3-21，建筑真实场景

插图 2-3-22，耿庆雷，作者通过写生所呈现的效果

① 景点、视角的合理选择

选出合适的表现场景是实景写生的首要步骤。创作者要以专业审美的眼光发现建筑景观之美，利用绘画相关知识，观察主景的结构关系和风格流派，观察主景与配景的相互关系，观察场景的可塑性，如肌理、细部结构等，并进行多角度取景比选，以此确定写生对象、场所和表现力最佳的视角。（插图2-3-23）

取景之前，创作者在心里制定大致的方向，比如建筑的难易程度、类型特点等，可对场景效果做简单的心理预期，构思一幅概念性场景。在此方法的指引下，取景时就会带有一定的目的性，能较为有效地选出适合的主体场景，切忌盲目地做选择，尽可能在开始阶段就避开一些不利因素的影响，加大后续表现的把握度。（插图2-3-24、插图2-3-25）

插图 2-3-23，写生前，一般都要多角度观察所要表现的建筑或场景

插图 2-3-24，写生前要多观察，选定所要表现建筑的角度

插图 2-3-25，夏克梁，根据所选的角度进行描绘，须采用取舍、概括等艺术处理手法

② 多视角的综合比较

对同一场景采用俯视、仰视、平视等不同的视角，可以收到完全不一样的效果。在场所中、前、后、左、右的位置平移取景也会导致画面描绘重心的改变。因此，在基本选定场景内容后，对视角的高低、远近和左右位置还要做细致的比较，发现其中的差别，从中选出各方面都较为平衡的视点投射位置。（插图2-3-26、插图2-3-27、插图2-3-28）

插图 2-3-26，角度一

插图 2-3-27，角度二

插图 2-3-28，耿庆雷，选择角度二所描绘的画面

③ 各景物间关系的分析

该步骤与临摹阶段的要求相似，主要是辨清各景物间的关系。既要分析每件单体的形体关系，也要分析物与物之间的空间关系。但受到自然光照变化的影响，物体的光影关系会随时产生变化，尤其在背光面较大时，处于阴影下的轮廓和结构清晰度较低，会影响创作者对景物关系的正确判断。在这种情况下，创作者不能因为看不清就舍弃不画，或是凭自己的想象随意编造，尤其当面对的主体建筑物细节十分出彩时，需要通过近距离的仔细观察，或是借助相机（手机）的拍摄，分析并了解其具体的结构形态及特征，然后再下笔表现。随着写生次数的累积，个人的经验也会逐渐增加，这样许多关系的表现也可通过经验来合理把握，或是对现有的关系做更为优化的提升。（插图2-3-29、插图2-3-30）

插图 2-3-29，建筑实际场景，光影关系对比强烈，阴影部位的细节难以看清楚

插图 2-3-30，夏克梁，写生过程中，须先弄清楚景物之间的明暗大关系，再观察处于暗部（阴影部位）物体的结构关系和细节，才能够更好地表现建筑和场景

（2）构图的设计

　　经历取景和分析阶段之后，便进入构图环节。构图的设计以观察分析的结果为依据，在此基础上根据对象情况做合理的能动调整，同时也需要结合构图原则适当增加或删减景物，使画面达到平衡。（插图2-3-31、插图2-3-32）

插图 2-3-31，取景的过程也是安排构图的过程

插图 2-3-32，夏克梁，构图饱满、空间层次分明

初学者如果没有足够的把握，一般建议先做小幅面的构图方案。每个方案都以极其简单的线条做快速的勾勒，然后通过综合比较，分析各个方案的优点与问题，从而最终确定较为理想的布局形式，之后再以正稿的形式画至标准的A3幅面上，这样就能基本确保画面成图后的效果。（插图2-3-33、插图2-3-34）

插图 2-3-33，王骏，圆形构图相对方形构图也往往更容易出效果

插图 2-3-34，周锦绣，圆形构图是建筑速写中最常见的一种形式

（3）画面关系的快速合理表达

画面关系的处理是最后环节。通过临摹阶段的练习，学生基本掌握了常用的画面处理手法，在实景速写中，要将这些手法快速应用表达。在处理过程中，始终要围绕主次、空间、色度（黑白）这三类关系展开，在时间上做到合理分配，有的放矢，下笔快速肯定，抓住最为重要的部分着力刻画，以较短的时间提炼画面精粹，展现出生动且富有张力的效果。（插图2-3-35）

插图 2-3-35，吴冬，画面的各种关系安排合理，表现得当

（4）艺术处理手法的简练运用

在实景写生阶段，创作者艺术处理手法的运用必须十分熟练，在下笔勾勒场景轮廓的同时，对画面的艺术处理也要同步展开，两者并行不悖。要避免等到形态全部到位后再对一件件物体进行处理。这样也有利于随时掌握整体关系，提高效率。

在时间有限的情况下，手法的运用不能贪多求全，必须做到合理地精简。可以以一种手法为主，其他手法根据需要做选择性使用。以对比为例，线条、明暗、面积的对比处理在表现过程中可以随时穿插到画面的各个部分，直接将空间、主次等关系快速表述清楚。对比的层次处理可因画面内容的不同而做灵活调配，大多数时候宜做简单明了的区分，无须精细地照顾到每一个角落，有些部分寥寥几笔，点到为止，但画面的整体节奏仍要控制合理，也要体现出层次感。即使因天气情况随时停笔，场景关系依然能保持完整。（插图2-3-36、插图2-3-37）

插图 2-3-36，万丙礼，钢笔速写的艺术处理大都建立在线条疏密组织的基础之上

插图 2-3-37，万丙礼，线条的疏密组织能产生虚实对比和黑白对比等关系，也使画面有了主次关系和空间关系

① 取舍

建筑写生的构图过程不是对所选定对象做简单而机械的搬抄和复制。即使在取景阶段我们选择了较为理想的场景，实际作画时，仍常常会遇到其中一些配景影响整体效果的情况。对初学者而言，选景绝对不能追求完美，主体建筑形态角度较为理想、场景结构能基本达到构图要求便可，其余部分需要创作者发挥主观能动性，进行一定程度的优化升级。自然主义是客观而被动的，现实主义是主观而能动的。景物进入画面前都要经过严格筛选，而非客观场景有的内容我们都要一个不落、照单全收，脱离真实不对，完全依赖真实也不对。既需尊重现实之景，以它为基础，也要加入作者的主观处理，以增强画面的表现力和完整性。每一幅速写作品都离不开作者对画面所要呈现的整体形象的思考，须在此基础上有取有舍，甚至借景替换，以达到预想的效果。（插图2-3-38、插图2-3-39）

插图 2-3-38，建筑真实场景

插图 2-3-39，夏克梁，这是最简单的取舍。建筑、大树、堆砌的石块已组成完整的画面，其他一切都显得多余，可以舍弃，屋面上的一盆植物是为了削弱屋面和墙角的倒三角形而添加的

多数时候，不管创作者的主观意愿如何，取舍都是不可回避的。取舍的关键在于入画标准的确立，即创作者心中理想的成图效果是怎样的，现实中哪些景物无法达到该效果，这样对取舍的判断便有了相对明确的标准。一般可从审美的角度入手，建立起常规的判断依据。构图时美感较好的景物入画，美观度较差的果断放弃；有助于提升氛围的景物入画，将破坏气氛的果断放弃。舍弃后画面的空缺部分可借用其他优秀景物素材做补充或替换，以进一步强化风格的营造，提高画面的完整度。（插图2-3-40）

插图 2-3-41，向俊，高度概括的画面

由于建筑手绘也属于艺术表现的方式之一，所以当创作者的经验积累到一定程度时，可对客观景物做更有力的改变，以体现艺术比真实更高、更集中、更概括的特点。吴冠中在《摄影与形式美》一文中提道，"我是经常地、随时地以探寻形式美的目光来观察自然的。无论是一群杂树、一堆礁石，或是漩涡，或是投影……只要其中有美感，我总千方百计要挖掘来为自己所用。它们甚至往往成为我画面构图中的主角"。这时的客观对象可被看作是艺术创作的资料素材，可以自由发挥。创作者可以七成参照对象，三成根据画面本身需要，大胆剪裁，表现其最精华之处，一切以服务画面为主。为了艺术的需要，有时甚至将大面积的原景剪裁到零，以留白的方式衬托景物的"多"和"够"，将含蓄做到极致，让观者以自己的想象力去填补、丰富其中的内容。（插图2-3-41、插图2-3-42）

插图 2-3-42，向俊，极简的画面

插图 2-3-40，周锦绣，写生最常用的手法便是取舍，取舍会使画面的主体更突出、元素更纯粹、画面更整体

② 面积对比

面积对比是指画面中各种物体所占空间面积的对比。由于画面中各景物大小的差异，所占的空间面积也有大小之分。它们在相互的并置与组合中形成对比关系，进而造成了画面的变化、构成了画面的韵律。各景物块面大小的对比，既能有效地克服画面中的平均感，也可能使速写作品呈现出戏剧化的效果。在手绘的过程中，初学者可通过适度的夸张，加强景物间的大小对比关系。这不但能使场景中的尺度关系变得更为丰富，从视觉上增加层级感，也能使各形体、块面之间变得更为紧凑，提升视觉张力。（插图2-3-43）

插图 2-3-43，向俊，店面建筑与植物等配景相对，占据较大的面积，使画面的主次分明

③ 疏密对比

疏密对比主要是指画面中线条组合的疏密关系。在表现主要景物时，画面中的线条排列得较为密集，用线的数量也较多，线与线交织而成的色块较深。在表现次要部分时，线条可排列得较为疏松，用线数量也较少，整体色块较淡。有了疏密的对比，画面的视觉张力得以显现。（插图2-3-44）

④ 黑白对比

黑白对比一方面是为了表现为光影作用下的明暗关系，是对自然光照效果的客观反映，使物体的界面关系清晰，让景物更具真实感；另一个方面是为了表现深浅层次的对比，将不同深浅的色块在画面中进行合理的分布，形成黑、白、灰三个基本层级，通过黑白之间的相互衬托，使视觉在统一而又充满对比的色块关系中获得秩序感和条理性，也能使画面产生均衡感和分量感。在实际运用中，初学者可将近景处理为浅色块，形成画面中的"白"，中景层次为"灰"，远景为"黑"，以突出前景部分。（插图2-3-45、插图2-3-46）

插图 2-3-45，万丙礼，黑白对比是处理空间关系的主要方法，可以是前景"黑"，也可以是远景"黑"，视画面具体情况而定

插图 2-3-46，冯启明，黑白对比越强烈，视觉冲击力也就越强

插图 2-3-44，万丙礼，钢笔速写中，疏密对比是常用的一种手法，缺少疏密对比的画面将显得平淡和无趣

⑤ 虚实对比

　　虚实对比主要用于处理画面中景物的空间关系和
主次关系。一般而言，主景部分建筑物的用线应肯定有
力、准确鲜明，次要部分景物的线条可适当放松，须处
理得简要概括，不必刻画得过于清晰明了，以此来区分
画面的虚实关系。（插图2-3-47）

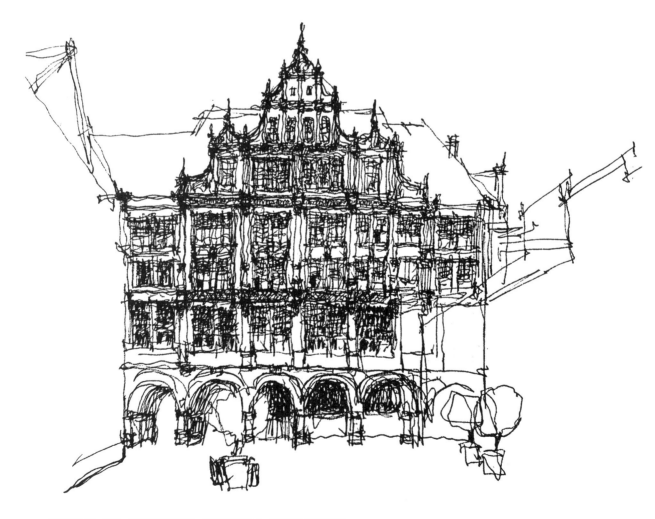

插图 2-3-47，邓攀，正面的主体建筑实，两侧面的建筑虚，形成强烈的视觉反差

2.3.4　案例

（1）写生步骤

建筑写生的一般表现步骤如下：

① 观察分析、勾勒形体

确定表现场景对象后，须从宏观到微观整体观察、分析物体。在准确理解建筑及其周边对象的形态特征和结构关系的基础上，以单线勾勒的方式将外在样貌和空间结构的穿插关系表达清楚。透视要做到准确，每条线都要求严谨到位，落纸有力。能顺应形态关系合理使用曲直线和长短线，将线条时刻控制好。初学者在该阶段直接下笔如无把握，可先打铅笔稿。待关系基本交代到位，再赋上钢笔线稿。（插图2-3-48）

插图 2-3-49，夏克梁，在画的过程中，需要强化每一体块的基本关系

插图 2-3-48，夏克梁，表现建筑首先要勾勒建筑的基本形体，也可以从局部出发

② 区分关系、强化块面

选择主要的块面交接处和结构转折点重点刻画，可用点、线、面中任意一至两种，甚至三种相结合的方式突出其视觉主导地位。通过进一步拉开空间界面关系，物体呈现出较为明确而粗略的层次性，块面的立体感得以增强，视觉重心进一步凸显。（插图2-3-49）

③ 塑造细部、取舍得宜

细部的塑造不能笼统地做平均化处理，应有选择地抓住重要部分进行刻画，如有特色的装饰构件、质地有趣的材料等，都可作为深化的重点内容。随着刻画的逐步深入，画面信息量不断加大，此时需要特别注重细微体块、空间感的表达，不能因过度追求细节的完美而忽视整体关系。（插图2-3-50）

插图 2-3-50，夏克梁，在逐步深入、塑造的过程中，须注意刻画建筑的一些细节

④ 整体平衡、浑然一体

初学者在进入细部塑造阶段时，可能会出现刻画深度不足或过于充分的问题，因此还须依据全局效果做整体平衡。不足之处可适当增添笔墨，过度之处则须适当增加其他关联部分的细节刻画，以确保画面观感的整体性。（插图2-3-51）

② 上色表现

用色彩塑造画面时，应先确定画面的总体色调，从浅色铺设入手，迅速捕捉大的色彩关系和画面气氛。再从大色块逐步向小色块过渡，将色彩冷暖关系结合场景明暗关系进行主要块面的描绘。在细部刻画中，须注意加强局部色彩的对比，并控制整体色调的和谐。（插图2-3-53）

插图 2-3-51，夏克梁，最后深入并完成整个画面，调整并确保画面的完整性和整体感

插图 2-3-52，夏克梁，用钢笔或秀丽笔等单一墨色完成的作品

（2）表现手法

① 单色表现

单色塑造中，侧重于以笔触的变化构建清晰、丰富的层次关系。场景内所有元素的明暗关系、形体关系、空间关系、材料质地、主次关系等，都应通过线条的合理有效组织来产生节奏韵律，使画面在黑白灰的关系中展现独有的张力。（插图2-3-52）

插图 2-3-53，夏克梁，用秀丽笔勾线，马克笔上色完成的作品

2.4　练习板块四：后期创作的基本方法和要点

2.4.1　课程相关信息

（1）课程内容

该阶段侧重于对建筑手绘的创作表达能力训练。课堂讲授将抽象的概念构想转换成具体的画面语言的推演方法和步骤，其中包括如何对一系列素材进行主观的加工处理，如何建立绘画主体独特的形式表现风格，等等。它以设计主题的表达方式与场景的联想方式训练为主，强化速写技能的灵活运用，促进艺术素质的全面提升。（插图2-4-1）

（2）训练目的

培养学生熟练掌握线条的能力、诸多单体造型元素的组合与变通应用能力，以及画面表达语言的组织能力，训练思维中的联想能力，提高速写的创作应用能力，使之成为创作（设计）思维的生动表达。（插图2-4-2）

插图 2-4-1，陈世康，掌握线条，具备组织、塑造和联想的能力是建筑画创作的前提和基本要求

插图 2-4-2，韩子明，写生与创作有时也很难区分，或没有明显的界线。写生往往相对随性，创作则相对更加深入

（3）重点和难点

① 重点

a．主题明确

不管选择哪种主题都要求选择合适的配景组合搭配。尽管是依靠遐想，画面中依然需要设置近景、中景和远景，有效拉开画面的空间关系。

b．表现手法统一

应根据对象场景、人文气氛，选择合适的肌理与表现方式，重在组合搭配，而非深入刻画，宜采用简洁的线描手法表现。

插图 2-4-3，向俊，创作更多的是需要主观处理，但需要注意画面的主题要明确、表现手法要统一，以及各元素间的关系衔接要自然和有序

c．关系梳理

单体设置的位置与大小应结合透视原理，遵循画面的主次、虚实关系综合考虑。切忌孤立，注意物体与物体之间自然衔接。（插图2-4-3）

② 难点

a．场景组织的合理性和美观性

创作完全依赖于作者的个人经验和前期积累的素材资料。缺少其中任何一项，画面的场景组织就会缺乏逻辑、空间等关系的合理性和美观性，物与物之间的协调感就难以建立，画面则会到处充满生硬、别扭，甚至冲突之感。（插图2-4-4）

插图 2-4-4，向俊，素材和经验对于创作而言极为重要

b．刻画的深入程度

创作对作者基本功的要求很高，要求具备扎实的形体、空间塑造能力，并能将技法烂熟于心，流利表达。刻画能力不足者在该阶段容易出现画不进去、画不深入的问题，使得画面常常流于空洞，缺少主次、虚实、黑白之分。（插图2-4-5）

c．场景气氛的营造

创作中对场景氛围的营造具有较大的难度，需要建立在对场景主题的理解和设定之上。如果只有主体，缺少适当的配景元素融入，或是配景搭配不当，环境气氛便得不到充分调动，画面显得平淡、冷清。（插图2-4-6）

插图 2-4-6，向俊，场景氛围的营造主要依靠与主题内容相关的元素及其相关的人物

插图 2-4-5，夏克梁，创作往往需要刻画到一定的深入程度

2.4.2　示范作品

（1）教师示范作品

夏克梁每一年都要带领"边走边画"团队走进古村落，现场记录古村落中民居建筑的生存现状，活动结束后再进行主观的创作，表现手法多样并具有较强的个人面貌。作品备受业内关注，是广大学生参考、学习的范本。（插图2-4-7、插图2-4-8）

（2）学生优秀作业

陆盈睿老街系列作品：陆盈睿是"边走边画"的学员，有一定插画学科背景。该生擅长将插图视角结合进钢笔画创作中，在具体刻画中将硬笔线条的严谨美与古拙结合在一起，注重线条的疏密变化，在提升画面空间感的同时表现出足够的叙事性。（插图2-4-9、插图2-4-10、插图2-4-11）

陈世康小镇系列作品：该生擅长从构图和捕捉画面的角度出发，选取景中富有表现力的部分去展现，表现出一种对画面构成和趣味性的把握。用线条的不同组织方式展现不同物体的质感，体现出属于线的美感。对人物、动物的刻画使得以建筑为主体的速写画面变得生动鲜活，将小镇富有人情味、烟火气的特点展现出来，画面轻松、自然、活泼。（插图2-4-12、插图2-4-13、插图2-4-14）

插图 2-4-7，夏克梁，其作品多采用多元素组合的方法表现

插图 2-4-8，夏克梁，其作品往往注重画面的构成和形式感

插图 2-4-12，陈世康，创作中，有更多的考虑画面氛围的营造，人物的添加使建筑场景变得更加鲜活和生动

插图 2-4-9，陆盈睿，看似普通的画面，实则做了很多主观的处理和调整

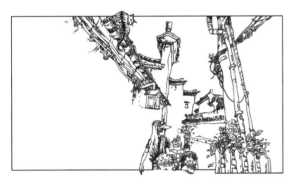

插图 2-4-10，陆盈睿，该生具有插画学科背景，人物及动物的添加，使画面更具生气和趣味

插图 2-4-13，陆盈睿，画面注重氛围的营造和人物细节的刻画

插图 2-4-11，陈世康，视角不同，所表现的画面也与众不同

插图 2-4-14，陈世康，构图的独特性以及对物件表现的概括性，是该生所具备的超强表现能力

（3）课程拓展

① 优秀作者及作品

徐亚华是一位写实钢笔画家，在业内具有较高的知名度。其作品表现得深入细致又不失整体性，是众多钢笔画作者追捧的对象。（插图2-4-15、插图2-4-16）

夏克梁善于使用多种材料，无论是水彩、钢笔、马克笔还是艺线笔，都有过大量的实践与创作。尤其是他的马克笔作品，可以说在国内独树一帜。写实、构成感、艺术性、独特性构成了夏克梁作品的特点与亮点。（插图2-4-17、插图2-4-18）

插图 2-4-15，徐亚华，擅长用钢笔表现建筑的空间及细节特征，作品具有一定的艺术性

插图 2-4-16，徐亚华，画面细腻又具有灵动性

② 推荐网站及相关书目

a．相关微信公众号

"建筑画"公众号，不定期推送与建筑有关的美术作品。

"建筑美术教学"公众号，不定期介绍建筑美术方面的专家及优秀作品，具有一定的学术性。

b．相关书目

《建筑钢笔画从基础到创作》夏克梁著（2021年10月，东南大学出版社）、《手绘建筑：风景的魅力》王骏著（2019年3月，河南美术出版社）、《中国钢笔画年鉴》（第一卷）李渝基编（2012年12月，山东美术出版社）。

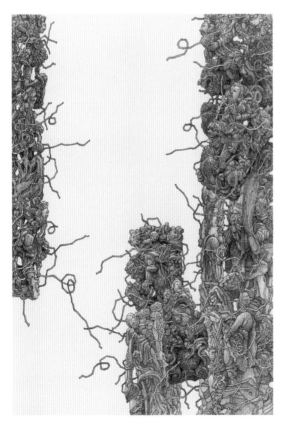

插图 2-4-17，夏克梁，善于用建筑构件为元素，通过组合、叠加等方法构成具有脱俗之感的画面

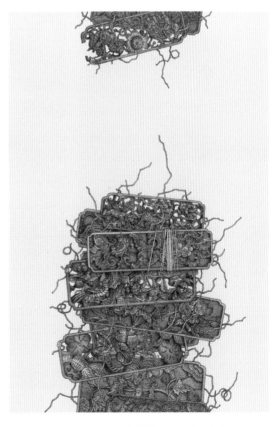

插图 2-4-18，夏克梁，用艺线笔完成的作品，很具有形式感

2.4.3　绘画原理和表现技巧

（1）创作方法

① 写实表现法

因为工具的特殊性，建筑手绘作品常以写实的艺术形式出现，通过线条的排列、组合、叠加来达到造型的目的。在很长一段时间内，写实风格的建筑画是国内最为常见的一种类型，也成为很多创作者最擅长的表达方式。很多优秀的写实作品非常打动人，能引起人的共鸣。

这类建筑手绘作品表现手法丰富，可以通篇依赖帅气硬朗的线条，用线描的方式勾勒建筑体块；可以将纯绘画性的线条引入作品，表现特殊的建筑氛围；可以借助明暗的方式凸显场景物体的体积感和厚度。（插图2-4-19、插图2-4-20）

插图 2-4-20，向俊，创作、写实的定义都很宽泛，在很多人眼里，画得很写实很深入才是写实型的创作作品，其实也不然

插图 2-4-19，庄宇，采用线条叠加形成明暗关系是写实画法的最常见手法。作为创作，这类方法要尽可能刻画得深入，甚至可以做到极致

② 勾线提炼法

这类画法多以钢笔、炭铅笔工具表现。线是画面举足轻重的元素，画面整体干净清爽，线条表现力足。线的轻重、强弱、疏密、曲直、缓急都用来表现各个景物的形象特征和画面关系。作者必须胸有成竹地对环境场景中的建筑对象予以合理分配布局，牢牢把握住建筑的比例关系，特别注重体现建筑物及其环境的整体效果。

勾线画法的绘画风格亦多变，可以是严谨、准确、一丝不苟的；也可以大胆创新、潇洒奔放。质朴平实，追求拙朴味道也是常见的表现风格。其关键点在于建筑师或者画家的主观意识中如何理解体会建筑空间场景。它与个人的审美意趣密不可分，带有浓郁的个人气质，是建筑师思想过程中的一部分。

创作时，对线条的运用需要多思考和实践，注意概括、取舍和归纳，运用线条塑造形象，组织各部分关系，建立空间层次，营造画面疏密、虚实、主次，把线条的运用做到极致。（插图2-4-21）

③ 构图取胜法

构图是创作的基础，创作者可以在构图上尝试另辟蹊径，利用前面章节所提到的构图原则，结合创作主题的表达，找到一些独特、另类的构图方法，使之有别于常规的观赏经验，打破一贯的视觉平衡，以博取观众的眼球，从而达到一眼出挑的效果。（插图2-4-22）

插图 2-4-22，夏克梁，通过大胆的取舍，形成构图独特的杂乱的储物间

插图 2-4-21，陆盈睿，完全依靠线条对建筑及场景进行提炼，使创作的画面更加纯粹

④ 解构重组法

创作不应只局限于客观地描绘对象，每位创作者都应擅长将眼界打开，拓展思维，将素材（对象）看作可进行二次加工的要素，而非最终呈现的形态。如此一来，创作中便可以围绕服务于画面的想法，灵活大胆地调用各类适合的元素，通过打散、解构、重组、排列等组合方法来组织符合理想的画面，使表现的主题更突出、画面更具形式感。（插图2-4-23）

⑤ 构成介入法

创作者如果能运用设计中常见的构成法则参与作品的表达，那么往往能为画面赋予明显的风格化倾向和强烈的时尚气息。构成的充分介入一方面增强了画面的形式感，使其展现出鲜明的辨识度，在一众作品中成为特立独行的存在，另一方面通过设计语言和绘画语汇的交织融通，可以使两者的优点都得以放大，表现出画面独特的艺术形式，释放更加多元化的魅力，适合不同的观赏者从各自的角度去理解和回味，更具吸引力。（插图2-4-24）

插图 2-4-23，夏克梁，将众多牛腿等建筑构件拆解、重组，形成不同于再现真实场景的视觉效果

插图 2-4-24，袁华斌，构成介入法是一种比较讨巧的方法，画面新颖、独特，更容易博得观众的眼球

⑥ 强调夸张法

　　创作中需要克服平均主义，应围绕画面的表达主旨有选择地抓住中心元素或事物的某一突出特征，采用强调夸张的手法进行详细、深入的刻画，最大程度地强化对象的个性，使画面表现的重心明确，凸显视觉焦点并提升视觉张力。（插图2-4-25、插图2-4-26）

插图 2-4-25，创作原素材

插图 2-4-26，夏克梁，强调建筑的密集程度，使表现的画面更加震撼

⑦ 改头换面法

　　该创作技法与写生中的"取舍"方法相近，都是以外来元素取代原场景中的某些内容。在创作过程中，根据预设的画面效果，找出那些达不到入画标准的景物元素，直接将场景外那些更符合情景设定的元素置入画面，替换该部分内容，且做到合乎逻辑地、无痕地衔接，通过精巧地置换找到更完美的组合效果。（插图2-4-27、插图2-4-28）

插图 2-4-27，创作原素材

插图 2-4-28，毛耀军，以树木替换宝塔背后的建筑

⑧ 参考借鉴法

在学习创作的过程中，始终离不开对优秀案例的参考和借鉴。作为提升创作能力最有效的方法之一，参考、借鉴能以最直观的途径获得他人的帮助，快速地从其他画种的作品或某一图形中得到各个方面的启发和灵感，再将这种灵感运用到创作中，创作出有特色的速写作品。

初学者在参考、借鉴时，可多关注他人的表现技巧和艺术形式，练习以风格的仿制和处理手法的模拟为主。实践到达一定阶段后，应做到在对优秀作品的全面分析和细致解读的基础上，概括、提炼出要点和精髓，再将其转化为自己的绘画语言。（插图2-4-29）

⑨ 改变画幅法

日常创作中，长方形和方形的画幅能够满足绝大多数画面的表现要求。如果希望制作出更为别致的效果，在画幅的形式上做一些突破性尝试也会收获一定的效果，例如选择圆形、椭圆形、多边形或是不规则异形画幅等。

每一种画幅都有特定的比例关系和协调感。在确定选用的类别后，为保证构图的理想性，其形式设定也需要适应画幅形态特点，做一些非常规的布置，使得画面和幅面能高度匹配，内外形态自然地达到和谐统一。（插图2-4-30）

插图 2-4-29，毛夏莹，参考了版画的艺术形式

插图 2-4-30，汪梅，长卷、三联画等也算是改变常规画幅的一种方法

（2）创作要点

任何一个画种在创作中都需要找到一些要点和方法，用以保证作品的质量，建筑速写也不例外。掌握相应的要点，不但能让作品的品质持续保持稳定，也有助于创作者提升创作水平。

① 发挥独特的表现语言

线条是建筑手绘的基本语言，如何利用线条彰显作品独有的语言个性特征，对探寻和掌握手绘的表现规律、拓展速写的艺术形式有着极为重要的作用。它也是形成建筑手绘作品风格、延展形式面貌的极佳途径。因此，每位创作者都要将它作为长期的学习任务和持续探索的课题，努力挖掘线条语言的主要特性和各种表现途径，发挥其独特的魅力。（插图2-4-31）

② 将画面做到极致

建筑手绘具有多种不同的表现形式，每种表现形式都可以传达出作者的创作思想，都有自身的艺术特点和视觉侧重面，不分好坏。创作中，能否将艺术风格做到最大化、极致化呈现，是关乎画面表现力强弱的重要因素。创作者不宜在艺术手法的选择上过于纠结，而应想方设法全身心地投入画面效果的营造中去，可以适当画得"过头"一些，把效果做实、做足、做满，最好是一气呵成。（插图2-4-32）

插图 2-4-31，万丙礼，线条是钢笔画的基本语言，在绘制的过程中，要充分挖掘钢笔画独有的语言特点

插图 2-4-32，李明同，无论采用哪一种方法，只要找到自己擅长的表现手法，并将画面发挥到极致，就是好作品

③ 具备探研精神

寻求艺术化表现就需要打破陈规、勇于尝试、不断创新，在创作中展示出自己的艺术追求和特色面貌。创作者在确立这一目标的基础上，需要结合自身特点、发挥优势，探索研究实现作品艺术化的各种可能性，从中寻找适合自己的表现途径。尽管有时只是多迈出了一小步，但对创作者而言，有可能是突破其创作瓶颈、提升艺术表现力的重要节点。（插图2-4-33）

（3）注意事项

每位创作者若希望在创作水平上不断进步，创作出优秀的建筑手绘作品，就必须树立正确的艺术观，培养良好的判断力，建立正确的自我认识，提高眼界和审美品位，阶段性地审视作品的质量和品质。此外，还应注意避免陷入某些误区，不要盲目跟风或是随意吸纳他人的意见。具体包含以下两方面：

① 作品要有大局意识

作品的整体感极为重要，是画面的灵魂所在。在创作的过程中，控制整体关系始终是第一要务。细节的刻画要服务于整体性的塑造，每一个细部都是整体的组成部分，没有任何一处可以脱离整体孤立存在。无论面对的是单个元素还是整个场景，创作者始终要胸怀大局意识，用整体的视野控制画面关系的形成，塑造时不能一味追求细节的深入表达，而使画面局部变得喧宾夺主或是各自为政，破坏整体感。（插图2-4-34）

插图 2-4-33，夏克梁，普通的题材，只在形式上略做改变，也是一种创新和收获

插图 2-4-34，万丙礼，画面的整体性是作品的第一要务

② 画得像不代表就是好

由于工具等因素，建筑手绘多以写实手法为常见的创作手段，这导致在创作的过程中，很多创作者把画得像、画得细作为追求的终极目标，从而陷入一个创作的误区。对作品而言，客观对象只是为创作提供可用的素材，而非各种限制和束缚。观众观赏画作时，也不可能通过对照原始照片、比较两者的相像程度来评断作品是否成功。他们更关注作品本身能否为他们的视觉和心灵带来美的享受。所以，创作优秀画作更多的是要发挥创作者的主观能动性，抛却对客观对象形似的过度追求，坚持以关注画面本体为核心，以使画面呈现最佳效果为目标，大胆地开展艺术处理，将作品的美感展现到位。（插图2-4-35）

2.4.4　案例

（1）基本要求

创作的基本要求和前几个阶段的练习类似，要兼顾整体性、合理性和艺术性。

① 整体性

整体性依然是创作的首要要求，所有的技法处理都是为了整体的展现。画面应始终保持整体关系的协调，让局部服从于整体，能做到"既见树木，又见森林"。

② 合理性

对写实型创作而言，合理性的建立必不可少。它是使画面产生真实感的必要条件。空间关系、场景搭配、比例尺度、文化特色……诸如此类，都应在画面中建立起合理的关系，以符合大众的日常观赏经验。

③ 艺术性

创作中也要融入艺术处理，强化视觉焦点，把画面的效果做足，充分表达出艺术的独特魅力。（插图2-4-36）

插图 2-4-35，李明同，画得像不代表画得好，关键还是要看作品本身

插图 2-4-36，夏克梁，创作的作品有简单也有复杂，关键还是要掌握创作的方法

插图 2-4-37，创作需要主题及相关的素材，杂物也可以是创作的元素

（2）创作步骤

① 表现对象（题材）的合理选择

创作不是伸手就来。相比于日常的写生训练，创作有设定主题、选择对象、收集大量素材、勾画小稿等一系列的前期准备工作。

对学者而言，表现对象及题材的选择应从自身的实际情况出发，量力而行。不要在起始阶段就刻意挑战某些平日较生疏的、表现难度过高的对象（题材），尽量挑选在能力可控范围之内的，这也有助于减轻后续创作阶段的压力。

此外，入画的所有元素都应符合设定的创作主题，牢牢围绕主题做合理的筛选，确保思路的明确性、完整性和统一性。有时还需要通过上网或图书馆翻阅资料，获取建筑的相关信息（包括文字资料和图片资料），可以更深入地了解与之相关的历史和人文背景。（插图 2-4-37、插图2-4-38）

插图 2-4-38，夏克梁，创作前期勾画小稿是必不可少的环节

② 各元素间关系的分析

该步骤与写生练习的要求基本相同，要从多角度入手分析和调整画面中各类关系的表达。这一阶段可借助勾画小稿的方式，帮助创作者推敲及预判最终效果。

勾画小稿的方式较为灵活，最常见的一种是采用传统手绘草稿的方式，这种方法比较便捷。如果建筑场景宏大，或者建筑形态复杂，也可采用精细小稿的方式，有利于画面的精准把控。此外，创作者也可充分利用智能数码产品，如借助电脑或数位板来推敲构图的多种可能，推断作品最终呈现的画面效果。（插图2-4-39）

③ 画面塑造的基本方法和原理

该步骤须明确画面塑造的基本方法和原理，可结合户外写生阶段的练习要求，对整体效果、风格、调性等做好规划，有次序、有节奏地开展画面的层层塑造，有条不紊地控制画面的呈现进度。

④ 画面关系的综合处理

该步骤也可参考户外写生阶段的相关练习要求，力求达到主次、色彩、空间等关系的协调有序，使画面展现出较好的艺术表现力。（插图2-4-40）

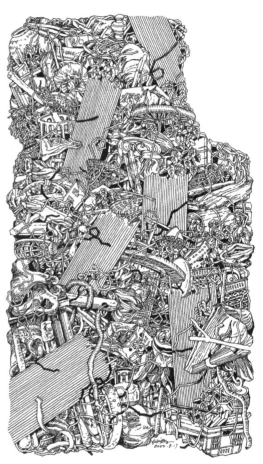

插图 2-4-39，夏克梁，也可以通过小图对画面中各元素进行分析及表现手法的尝试

插图 2-4-40，夏克梁，各方面都准备就绪后，开始着手正稿的绘制。绘制时需要照顾到元素组合之间的合理性、协调性，以及画面处理的整体性、深入性和艺术性等

第三章 优秀案例欣赏与分析

在这一章节，我们会欣赏到许多不同风格的建筑手绘作品，既有偏重写实的，也有偏重写意的；既有强调装饰性的，也有突出创意性的。这些类型多样、不拘一格的作品，即使按风格属于同一门类，由于工具和表现手法的差别，也使其细分出不同的类别。每一种类别都有一定的借鉴价值，大家可根据自身的学习情况有选择性地参考。

3.1   写实型建筑手绘

写实风格作为手绘类型中应用最为广泛的一种，几乎是每位创作者必须掌握的。它基本以现实场景为蓝本，追求较大程度地反映眼见景物的"真"，突出对对象的"再现"，强调客观性与合理性，带给人存在感与现实感。它如同白话文，符合绝大多数观者的审美经验，能被大众读懂、理解，因此在创作数量上也占有较大的比重。（插图3-1-1）

3.1.1   单线表现

单线表现的绘画风格多样，可以是严谨准确、一丝不苟的婉约派，也可以是大刀阔斧、潇洒奔放的豪放派。质朴平实、追求拙朴味道也是常见的表现风格。风格选择的关键在于建筑师或者画家的主观意识中如何理解和体会建筑空间场景，与个人的审美意趣密不可分。它往往带有浓郁的个人气质，亦是绘画者思想过程中的一部分。（插图3-1-2、插图3-1-3、插图3-1-4、插图3-1-5、插图3-1-6、插图3-1-7）

插图 3-1-1，毛耀军，客观描绘对象的写实型建筑速写

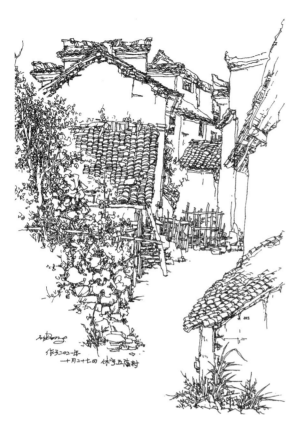

插图 3-1-2，吴冬，单线表现的钢笔画要求用线干脆、肯定

插图 3-1-4，宋子良，在用线的过程中，要注意线条组织的疏密变化

插图 3-1-3，李明同，具有国画意味的单线钢笔画

插图 3-1-5，李明同，运笔缓慢，笔触短，也是这类钢笔速写常见的一种表现手法

插图 3-1-6，周锦绣，除了钢笔和签字笔之外，软笔头的勾线笔也是单线表现常用的一种工具

插图 3-1-7，宋子良，软笔头勾线笔所表现的画面，与钢笔、签字笔所表现的画面相比，线条更多样、变化更丰富

　　作为写实型表现，任何一种形式语言都需要深入
刻画，单线画法亦然。它并不仅仅是空洞地勾勒建筑形
体，它也需要从画面整体角度深入细部描绘。这个过程
的主要任务是细腻地体会和感受建筑的风格特征与人文
特点，运用线条塑造形象，组织各部分关系，建立空间
层次。画面应注意概括、取舍和归纳，通过每一条线的
巧妙组织营造画面疏密、虚实、主次。（插图3-1-8、插
图3-1-9）

插图 3-1-8，夏沐妍，画面依靠同一线条的组织形成主次和
空间层次关系

插图 3-1-9，张书山，依靠单线的组织，画面也可以表现得很丰富、很深入

3.1.2　明暗辅助表现

　　该表现方式必须建立在对客观对象全面、清晰、准确的认识之上，结合上一章节的练习步骤与技法要点，从整体入手把握好画面关系，运用好线条，以灵活的线为基础，再结合面（用线的排列形成影调）组织建立黑白灰关系，循序渐进地控制细部刻画与整体节奏的关系，使画面获得意想不到的艺术表现魅力。（插图3-1-10、插图3-1-11、插图3-1-12、插图3-1-13、插图3-1-14、插图3-1-15）

插图 3-1-10，李明同，其在单线表现的基础上，往往在暗部、结构或界面转折处适当加以明暗处理，使表现的画面更加立体、更具空间感

插图 3-1-11，韩子明，用明暗的方法辅助表现建筑或场景，画面显得更加细腻和逼真

插图 3-1-12，韩子明，明暗辅助表现的画面更富有层次感

插图 3-1-13，万丙礼，钢笔线条结合明暗所表现的画面往往更具整体感

插图 3-1-14，蔡靓，这类画面相比于单线表现的画面，往往更具视觉冲击力

插图 3-1-15，万丙礼，明暗辅助的表现手法中，可以通过线条的交织形成明暗，也可以通过水墨浓淡来表现明暗

3.1.3 淡彩表现

在淡彩表现中，无论采用水彩、马克笔还是彩色铅笔，都不可能覆盖原有的黑白底稿。因此，具有强烈线条表现力的钢笔画底稿都是淡彩表现必不可少的，是画面获得成功的重中之重。它对建筑形体关系、结构比例、细部装饰、空间层次的要求也更为苛刻，否则会影响到上色的准确性。

既然称之为淡彩画法，色彩关系只是起到点缀的作用，无须花较长的时间和精力去层层叠。用水彩上色时，应保持色彩的通透感，控制好饱和度，根据形体结构用笔着色，使水的流动性和灵动感得到体现，让画面散发出轻松的氛围。彩色铅笔有水溶性和非水溶性之分。水溶性可作水彩使用，普通使用时可以擦除修改，在实际应用中可互为补充，相得益彰。（插图3-1-16、插图3-1-17、插图3-1-18、插图3-1-19、插图3-1-20、插图3-1-21、插图3-1-22、插图3-1-23、插图3-1-24）

插图 3-1-16，向俊，在钢笔线稿的基础上用马克笔简单铺色，表现出建筑的明暗大关系

插图 3-1-17，向俊，以马克笔单色为主表现的建筑

插图 3-1-18，李明同，建筑本身已用钢笔做了深入的描绘和刻画，用彩铅上色也就显得简单和容易

插图 3-1-19，向俊，线笔淡彩也需要技巧，构图上可截取某一角，上色时则不须面面俱到，重要部位可略做刻画，次要部位则简单带过

插图 3-1-20，向俊，彩色线笔勾线，水彩铺色，选择正立面的视角，使表现的画面具有一定的构成感

插图 3-1-21，向俊，在彩色线笔稿的基础上，用水彩做简单的铺色

插图 3-1-22，向俊，钢笔线稿的好坏对淡彩表现的成功与否起着决定性的作用

插图 3-1-23，袁华斌 ，马克笔使用便捷、色彩透明，也是淡彩表现的常用工具

插图 3-1-24，袁华斌，马克笔表现的传统民居

3.1.4 重彩表现

作为这类画法的代表，马克笔的运用需要注意两点：其一，应预备几套较为成熟的色彩搭配方案，建立一些常用的色彩体系，以套色概念选择性设色。缺乏经验的初学者往往在运用丰富色彩的同时会忽略画面的整体色调，对同一色系不同层次的色彩关注较少，从而使得画面色彩缺乏和谐，甚至突兀孤立。其二，应当重视马克笔笔头的使用方法。马克笔笔头一般呈方形，用笔时如速度过慢，在纸面易产生明显的笔触交接痕迹，影响观感。因此下笔必须做到肯定、快速，掌握好笔触、色彩交接与过渡的时间。马克笔赋色时也需要和钢笔稿达成默契，笔触排列方式应尽量接近，使它们能在同一画面中有机融合。（插图3-1-25、插图3-1-26、插图3-1-27、插图3-1-28、插图3-1-29、插图3-1-30、插图3-1-31）

插图 3-1-25，刘宇，钢笔勾线，马克笔做较为深入的刻画，再用水彩辅助完成。画面显得轻松，空间层次分明

插图 3-1-26，陈世康，无须用钢笔勾线，直接用马克笔来表现、塑造的画面

插图 3-1-27，祝程远，直接用马克笔表现的画面，用笔非常自由和洒脱

插图 3-1-28，祝程远，用马克笔进行写生，对主体做较为深入、细致的刻画，次要部分做简单概括的处理

插图 3-1-29，夏克梁，在钢笔线稿的基础上，用水性马克笔做深入细致的刻画，使画面各细节精彩、到位，并具有较强的整体感

插图 3-1-30，夏克梁，钢笔线稿本身就有中心（画面主体）严谨、周边（次要部位）松弛的对比，所以在用马克笔上色时也有意强化了主体，弱化了次要部位，使画面主次关系明确，主体突出

插图 3-1-31，向俊，水彩也是重彩表现较为常见的一种形式

3.2 写意型建筑手绘

写意与写实相对，原是国画的画法之一，是中国艺术审美重心自觉转向主体性的标志。现在也常用于建筑速写的创作。它的主要特点是不受客观事物的约束，不求工细，可降低艺术形象的外在逼真性，重构绘画者内心向往的形象，强调其内在精神实质的主观化艺术表现。它要求在形象之中有所蕴涵和寄寓，让"象"具有表意功能或成为表意的手段。一般通过简练概括、肆意奔放的笔触着重描绘对象的意态神韵，在景物形象上做大胆的艺术加工，在"似"与"不似"间营建画面的意境，抒发作者的意趣。

写意风格所涉及的两大类表现形式，其技术要点与写实型基本相同，可参考上节相关内容。（插图3-2-1、插图3-2-2）

插图 3-2-1，冯启明，写意建筑手绘也只是相对而言，与写实型手绘相比，不求工细，不过于受客观对象所约束

插图 3-2-2，向俊，寥寥几笔，却能表现出建筑的形体与空间

3.2.1　单色表现

这类作品常以钢笔、签字笔或炭笔、铅笔为表现工具，在较短的时间内运用偏个性化线条的排列组合，借助浓重的黑白、疏密、曲直及长短对比，着力刻画建筑的意向特征，传达出物象以外的绵长回味。（插图3-2-3、插图3-2-4、插图3-2-5、插图3-2-36）

插图 3-2-5，余工，写意型速写结合若干文字的形式，在设计构思的过程中也是常见的一种表达方法

插图 3-2-3，余工，写意型速写看似简单，实则是建立在扎实写实速写能力的基础之上

插图 3-2-6，余工，写意型速写常常通过寥寥几笔即可表现出建筑及场景的最基本特征

插图 3-2-4，余工，"随性"是写意型建筑速写的最大特点

3.2.2 彩色表现

借助色彩表现的写意类作品，其颜色运用无须一味地墨守成规。色系的选择、铺设的方式和面积比例的安排主要服从于作者情感的表达。画面可浓可淡，可艳可素；色相可近似，可跳跃；运笔可奔放，可收敛。无论选择何种呈现形式，都要以色蕴意、以笔传情，以生动明快的氛围感染观众的情绪。（插图3-2-7、插图3-2-8、插图3-2-9）

插图 3-2-7，向俊，用极其提炼、概括的手法表现出建筑及大桥的骨线，再用最简单的色彩示意画面氛围

插图 3-2-8，向俊，有时越是简练越是难以表现，可对重点略做刻画，其他以单色概括

插图 3-2-9，向俊，快速、简练、概括是写意型建筑速写的特点

3.3　装饰型建筑手绘

装饰型建筑手绘作为一种强调形式感表达的绘画活动，其基本原理是根据对称、均衡、节奏等图形构成原理，将作品赋予抽象化、规则化的形式美。它不是简单的图案变形，把复杂丰富的绘画形式等同于简单概念的平面构成原理，而是有着自己独立的审美风格和样式。它淡化内容、淡化思想性，强化形式美与装饰美，突出了人工创造与自然状态的区别，刻意追求华美的艺术风格。它的基础仍建立在速写之上，在造型上注重夸张变形，突出高度的概括性与简练性；在构图上注重追求自由时空，表现平面化的无焦点透视的多维空间；在色彩上讲究化繁为简，不追求明暗、远近及写实的冷暖关系，而追求色彩的象征性；在绘画语言上注重外在形式美感的设计，有显著人工美化的刻意匠心，在西方平面构成的装饰原理的影响下，使画面具有强烈的平面化、单纯化、夸张性、稳定感、韵律感和秩序感等特点，带给人以现代感与品位感。（插图3-3-1）

尽管装饰手法会受到绘画者的思想、个性、风格的影响，但构建画面造型美感仍是其创作的目的。所以，无论采用何种夸张的手法，将对象变成何种模样，都是通过塑造一种形象传达对美的独到认识。（插图3-3-2）

插图 3-3-2，孟现凯，形体略带夸张、变形的装饰性建筑手绘

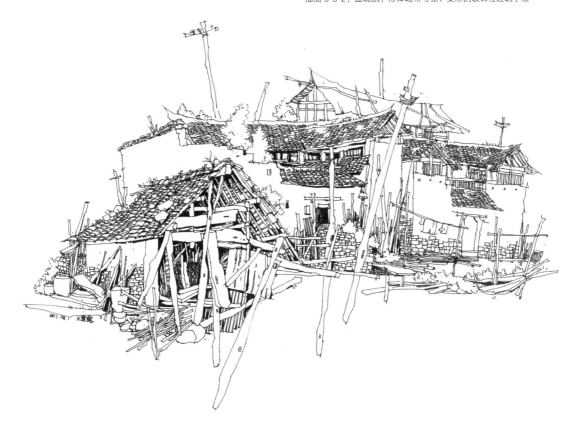

插图 3-3-1，王夏露，在建筑手绘中，常以写实型的方法表现。而写实型的单线表现中，只要在用线和对建筑形体的塑造上略表现得拙朴些，画面便具有了一定的装饰性

3.3.1 黑白表现

该类别画法主要包含线条表现和明暗辅助表现两种形式。在线条表现中，线条的装饰感必须得到充分的展现。每一条线的长短曲直、刚柔起顿，都以服务画面的装饰效果为核心，借助绘画者对现实对象形态的大胆改造，线条的开放度和灵活度也得以加强。绘画者充分发挥线条的表现力，用类型丰富的线勾勒出美轮美奂的效果。（插图3-3-3）

明暗辅助表现则是在线条装饰的基础上，利用灵活多变的排线，恰到好处地将装饰的层次感和丰富性表达出来，形成线图的有益补充。线面组织以简为主，力求在寥寥数笔间，将画面诉求的效果言简意赅地、简洁干练地表达出来。（插图3-3-4、插图3-3-5、插图3-3-6、插图3-3-7）

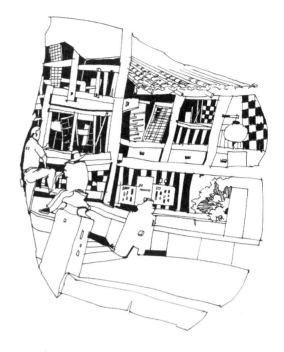

插图 3-3-4，孟现凯，线条结合块面，几乎是处于平面的一种状态，但画面很具装饰性

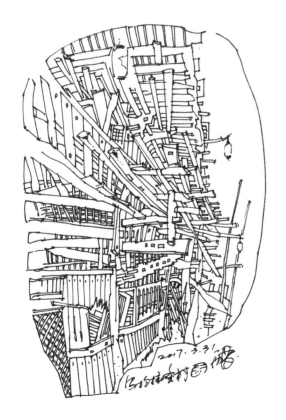

插图 3-3-3，孟现凯，以单一的线条表现具有装饰意味的画面

插图 3-3-5，孟现凯，以略带夸张、变形的手法表现建筑的主要特征，给人以更深刻的视觉印象

插图 3-3-6，孟现凯，略带明暗层次的装饰型建筑速写

3.3.2　彩色表现

　　装饰型画风的色彩多追求强对比的效果，利用色相、明度、纯度和面积上的夸张化、差异化处理，寻求色彩表达的醒目感和绚丽性。画面的色彩无须和现实场景相一致，可以借用客观的色彩体系做相近化处理；也可采用其他主观化的色彩体系从画面的实际搭配效果来确立合适的颜色，做色彩上的二次创作。不管采用何种配色思路，每一笔颜色、每一个色块仍然要遵循建筑景观的空间结构关系铺设，使颜色与形体的配搭严丝合缝、交相辉映。（插图3-3-8、插图3-3-9、插图3-3-10、插图3-3-11）

插图 3-3-8，郑昌辉，独具装饰色彩的画面

插图 3-3-7，王玮璐，虽是一张较为写实的钢笔速写，但极具概括的黑白关系，还是透露出装饰的意味

插图 3-3-9，郑昌辉，装饰型速写的色彩，大部分具有强对比的视觉效果。色彩上化繁为简、简单概括，追求色彩的象征性

插图 3-3-10，孟现凯，如果钢笔底稿本身具有一定的装饰性，上色也就简单很多

插图 3-3-11，孟现凯，也有些装饰型速写的画面色彩较为单一或纯度不高，这很大程度上取决于钢笔底稿自身的装饰性

3.4　创意型建筑手绘

　　创意型建筑手绘强调创作者主观创意性的表达。相比于装饰型，它更强调对画面的巧妙设计，强调场景的戏剧性，借助对主客体关系的精妙构思来达到"意料之外、情理之中"的动人效果，勾起观者的好奇心，使其产生丰富的联想和无尽的回味。创意切入的角度很多，可通过场景、工具材料、表现手段等方面的创想来激发画面鲜活的生命力，让观者领略别样的意趣，引发情绪的共鸣，甚至从中汲取灵感。由于该类别手绘具有较强的实验性，画面风格千差万别，因此很难用一套通用的理论去归纳概括其中的方法，成图效果更多取决于创作者本身的灵感、实践经验、创意品位和艺术修养。（插图3-4-1、插图3-4-2）

插图 3-4-1，邓攀，主观加大城市建筑的密集度，使观者看得透不过气来，产生一种意想不到的视觉效果

插图 3-4-2，插图 3-4-1 局部

3.4.1　场景创意

创意型建筑手绘强调创作者主观创意性的表达。相比于装饰型，它更强调对画面的巧妙设计，强调场景的戏剧性，借助对主、客体关系的精妙构思来达到"意料之外、情理之中"的动人效果，勾起观者的好奇心，使其产生丰富的联想和无尽的回味。创意切入的角度很多，可通过场景、工具材料、表现手段等方面的创想来激发画面鲜活的生命力，让观者领略别样的意趣，引发情绪的共鸣，甚至从中汲取灵感。由于该类别手绘具有较强的实验性，画面风格千差万别，因此很难用一套通用的理论去归纳概括其中的方法，成图效果的把握更多取决于绘画者本身的灵感来源、实践经验、创意品味和艺术修养。（插图3-4-3、插图3-4-4）

插图 3-4-3，陆盈睿，在现实的场景中加入卡通人物形象，增加了画面的趣味性

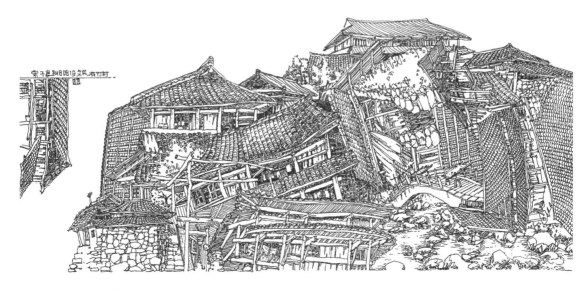

插图 3-4-4，宋子良，有意将房子扭曲、变形、重叠，不按常规的透视和比例塑造，达到了一种独特的视觉效果

3.4.2 工具材料创意和创新

工具材料创意和创新多数是利用一些非常规的画材或新型工具来获得独特的画面效果。这些材料所展示的质地对观者而言往往是陌生的，或是极少在常规建筑手绘作品中遇见的，但其对创意工作者而言，拥有无限可开发利用的潜力，例如彩色水笔、有色纸一类的非专业画材。这些工具在画家的精心操控下，能够发挥出独有的个性魅力，让一幅幅常规的速写成为风格独立、质感鲜明的艺术作品。（插图3-4-5、插图3-4-6、插图3-4-7、插图3-4-8、插图3-4-9）

插图 3-4-6，用竹竿自制的画笔

插图 3-4-7，艺线笔

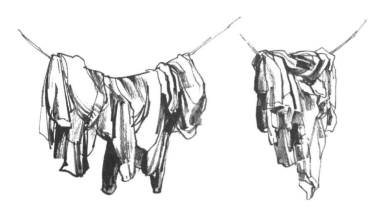

插图 3-4-5，夏克梁，用自制竹竿笔绘制的衣物，独特的枯笔肌理使画面更显张力

插图 3-4-8，夏克梁，用自制竹竿笔绘制的小型构筑物，效果较普通签字笔绘制的画面更具独特性和多变性

插图 3-4-9，宋子良，艺线笔在使用上如同钢笔，又似铅笔，可以通过叠加等方法形成色彩及明暗的过渡

3.4.3 表现手段的创意

表现手段的创意来自各种艺术手段的趣味化尝试，包括风格的混搭、手法的拼贴、电脑技术的处理等。它能有效利用对立、矛盾和反差，将各种媒介的特性发挥出来，将感官元素充分调动起来，对每一类视觉要素都做到极致放大，以达到动人心魄的效果。这类创意速写风格迥异，与当代艺术之间建立起紧密的联系，能让观者享受一场时尚而独特的视觉盛宴。（插图3-4-10、插图3-4-11）

插图 3-4-10，耿庆雷，在钢笔写生稿的基础上，在主体部位做了贴图，使画面产生了强有力的视觉对比

插图 3-4-11，夏克梁，手绘与图片的完美结合，增加了画面的趣味性

责任编辑：邓秀丽
装帧设计：李　文
责任校对：杨轩飞
责任印制：张荣胜

图书在版编目（ＣＩＰ）数据

建筑手绘 / 夏克梁, 徐卓恒著. –– 杭州：中国美
术学院出版社, 2023.11
　　ISBN 978-7-5503-3100-6

　　Ⅰ. ①建… Ⅱ. ①夏… ②徐… Ⅲ. ①建筑画 – 绘画
技法 Ⅳ. ①TU204.11

中国国家版本馆CIP数据核字(2023)第164188号

建筑手绘

夏克梁　徐卓恒　著

出 品 人：祝平凡
出版发行：中国美术学院出版社
地　　址：中国·杭州南山路218号　邮政编码：310002
网　　址：http://www.caapress.com
经　　销：全国新华书店
印　　刷：杭州捷派印务有限公司
版　　次：2023年11月第1版
印　　次：2023年11月第1次印刷
印　　张：11.5
开　　本：787mm×1092mm　1/16
字　　数：300千
书　　号：ISBN　978-7-5503-3100-6
定　　价：62.00元